ACÚSTICA TÉCNICA

Blucher

Ennio Cruz da Costa

ACÚSTICA TÉCNICA

Acústica técnica
© 2003 Ennio Cruz da Costa
1ª edição – 2003
8ª reimpressão – 2019
Editora Edgard Blücher Ltda.

Blucher

Rua Pedroso Alvarenga, 1245, 4º andar
04531-934 – São Paulo – SP – Brasil
Tel.: 55 11 3078-5366
contato@blucher.com.br
www.blucher.com.br

É proibida a reprodução total ou parcial por quaisquer meios sem autorização escrita da editora.

Todos os direitos reservados pela Editora Edgard Blücher Ltda.

FICHA CATALOGRÁFICA

Costa, Ennio Cruz da
  Acústica técnica / Ennio Cruz da Costa –
São Paulo: Blucher, 2003.

Bibliografia.
ISBN 978-85-212-0334-6

1. Acústica I. Título

03-6801   CDD-620.2

Índices para catálogo sistemático:
1. Acústica técnica: Engenharia   620.2

INTRODUÇÃO

Os conhecimentos científicos e os experimentais, na área da acústica, são atualmente bastante completos, mas excessivamente complexos para fazerem parte de cursos mesmo os superiores de graduação nas áreas das engenharias e das arquiteturas, nos quais esta matéria é em grande parte negligenciada ou até mesmo inexistente.

Neste compêndio, sem descurar dos aspectos teóricos básicos, indispensáveis para a perfeita compreensão deste assunto, procuramos ao longo de seu desenvolvimento dar uma orientação didática simples e acessível, sempre com o objetivo de atender à resolução dos sem-número de problemas que nossos técnicos ligados à construção enfrentam na área da acústica.

Assim, com esta finalidade essencialmente prática, estão aqui abordados os problemas relacionados com:

- acústica de auditórios, estúdios de transmissão do som, salas de espetáculos, etc.
- controle dos ruídos de acordo com as normas brasileiras;
- redução dos ruídos, nas fontes, nos ambientes, entre os ambientes, nas canalizações e por meio de protetores auditivos individuais.

Para uma fácil compreensão dos assuntos expostos, foram incluídos em grande número no texto: desenhos, tabelas, diagramas, figuras e exemplos numéricos.

Desta forma, estamos certos de que este volume será de grande ajuda, não só para a melhor formação de nossos engenheiros e arquitetos como para aqueles técnicos envolvidos com os problemas acústicos de nossa ruidosa vida moderna, tão comuns em nossas construções tanto residenciais como industriais.

O Autor

DEDICATÓRIA

Dedico este compêndio ao meu grande amigo Pedro Bechtel Athanasio.

Ele tem apenas 5 anos, mas estou certo, de que, bem orientado, ele será um cidadão muito especial.

CONTEÚDO

1. O Som
    1.1 Natureza do som 1
    1.2 Elementos da onda sonora 3
        1.2.1 Freqüência 3
        1.2.2 Forma da onda 5
        1.2.3 Amplitude 8

2. Propagação da Onda Sonora
    2.1 Compressibilidade 12
    2.2 Velocidade de propagação longitudinal das ondas de pressão
        num meio contínuo isótopo 13
    2.3 Velocidade de propagação do som nos diversos meios 14
    2.4 Potência sonora e intensidade energética 17
    2.5 A audição 18
        2.5.1 Audiograma 19
        2.5.2 Sensação auditiva 19
            2.5.2.1 Adição de sensações auditivas 23
            2.5.2.2 Subtração de sensações auditivas 23
            2.5.2.3 Aumento e redução das sensações auditivas 24
        2.5.3 Sensação auditiva equivalente 24

3. Fenômenos Relativos à Propagação do Som
    3.1 Impedância acústica específica 29
    3.2 Reflexão e refração do som 30
    3.3 Absorção do som 32
    3.4 Interferência 37
    3.5 Batimento 38
    3.6 Difração do som 39
    3.7 Ressonância 41
    3.8 Distorção 42
    3.9 Eco 43
    3.10 Reverberação 43

4. Acústica dos Ambientes
    4.1 Generalidades 45
    4.2 Estudo geométrico da onda sonora 46

VIII

    4.3   Estudo dinâmico da onda sonora 54
           4.3.1   Mecanismo da reverberação 54
           4.3.2   Teoria da reverberação 56
           4.3.3   Cálculo do tempo de reverberação 57
           4.3.4   Caso de grandes ambientes 61
           4.3.5   Tempo de reverberação aconselhável 63
    4.4   Correção acústica dos ambintes 64
           4.4.1   Generalidades 64
           4.4.2   Correção do tempo de reverberação 65
           4.4.3   Reforço do som 65
                   4.4.3.1 Caso de ambientes fechados 67
                   4.4.3.2 Caso de espaços abertos 69

5. Rumores

    5.1   Generalidades 71
    5.2   Intensidade dos sons e ruídos mais comuns 72
    5.3   Controles dos ruídos 74
    5.4   Avaliação dos ruídos 78
    5.5   Redução dos rumores 81
           5.5.1   Redução dos ruídos na fonte 81
           5.5.2   Amortecedores de vibrações 83
           5.5.3   Redução dos ruídos nos ambientes 87
           5.5.4   Redução dos ruídos nas superfícies ou estruturas divisórias 88
           5.5.5   Protetores auditivos individuais 88

6. Isolamento Acústico

    6.1   Generalidades 91
    6.2   Atenuação acústica de uma parede simples 92
    6.3   Atenuação acústica de uma parede vibrante 94
    6.4   Atenuação acústica de uma parede dupla 96
    6.5   Atenuação de paredes complexas ou com aberturas 97
    6.6   Influência da absorção na atenuação das estruturas divisórias 98
    6.7   Estruturas fonoisolantes 100
           6.7.1   Paredes 102
           6.7.2   Pisos 105
           6.7.3   Enclausuramentos 105
           6.7.4   Portas 108
           6.7.5   Janelas e visores 109
    6.8   Isolamento acústico resistivos nos dutos 110
    6.9   Isolamento acústico reativo nos dutos 113
    6.10 Silenciadores reativos nos dutos 114
    6.11 Surdinas 117
    6.12 Atenuação do som nos ambientes por meio de painéis reativos 118

Bibliografia 121

Índice Remissivo 123

SÍMBOLOS ADOTADOS

A – Absorção total ΣSa sabines métricos
B – Largura ampla das chicanas m
C – Amortecimento de uma estrutura
C_p – Calor específico à pressão constante dos gases
C_v – Calor específico a volume constante dos gases
E – Módulo de elasticidade N/m^2
E – Energia J
F – Fonte, foco
F – Força N
H – Altura m
I – Intensidade energética W/m^2, W/cm^2
I_0 – Intensidade energética mínima de referência para a audição 10^{-12} W/m^2
I_m – Intensidade energética média W/m^2
L – Nível sonoro dB
L_A – Nível sonoro ponderado em A dB$_A$
L_{Aeq} – Nível sonoro ponderado em A equivalente dB$_A$
L_B – Correções do nível sonoro dB$_A$
L_C – Nível sonoro corrigido dB$_A$
L_I – Nível sonoro referido à intensidade energética dB
L_p – Nível sonoro referido à pressão sonora dB
L_W – Nível sonoro referido à potência sonora dB
P – Perímetro m
R – Constante geral dos gases Nm/kg°K
R – Raio m
R – Atenuação acústica dB
R – Resistividade acústica Ns/m^3 (Rayl)
S – Superfície m^2
S – Sensação auditiva dB
S_e – Sensação auditiva equivalente fon
T – Tempo periódico s/ciclo (segundo por ciclo)
T – Tempo, tempo de reverberação s
T – Temperatura absoluta °K
T_0 – Temperatura absoluta de 0°C
T_0 – Tempo de reverberação aconselhável
U – Energia sonora por unidade de volume J/m^3
V – Volume m^3
W – Potência sonora W
W_m – Potência média W
X – Amplitude m
X_0 – Amplitude máxima m
X_m – Amplitude média m
X_e – Ampitude eficaz m
Z – Impedância acústica específica kg/m^2 s ou Ns/m^3 (Rayl)
a – Coeficiente de absorção do som

X

- a – Aceleração m/s^2
- b – Largura m
- c – Velocidade do som m/s
- c_0 – Velocidade do som a 0°C m/s
- c_x – Velocidade no eixo dos x m/s
- c_X – Velocidade da amplitude X m/s
- d – Diâmetro dos dutos ou dos furos m
- f – Freqüência Hz
- f_c – Freqüência de coincidência de uma parede vibrante Hz
- f_n – Freqüências das diversas ondas estacionárias Hz
- f_0 – Freqüência de ressonância Hz
- g – Aceleração da gravidade 9,806 m/s^2
- h – Altura m
- k – Coeficiente de Poisson dos gases
- k – Coeficiente de rigidez N/m
- k – Constante
- l – Comprimento, percurso m
- m – Massa kg
- m – Massa por unidade de superfície de parede kg/m^2
- n – Índice politrópico dos gases
- p – Pressão N/m^2
- p_a – Pressão alternativa N/m^2
- p_0 – Pressão máxima N/m^2
- p_{ef} – Pressão eficaz
- p_m – Pressão média
- r – Coeficiente de reflexão do som
- r – Raio
- rf – Relação de freqüências
- t – Temperatura em °C
- t – Coeficiente de transmissão do som
- v – Volume específico m^3/kg
- x – Caminho na direção das abscissas m
- Ω – Seção m^2
- α – Caminho angular $2\pi x/\lambda$ rad.
- α – Coeficiente de extinção da onda sonora no meio 1/m
- α – Coeficiente de amplificação sonora
- α' – Índice de compressibilidade m^2/N
- ε – Coeficiente de correção das isofônicas de Fletcher e Munson
- λ – Comprimento da onda sonora m
- μ – Coeficiente de viscosidade Ns/m^2
- ρ – Massa específica kg/m^3
- τ – Intervalo de tempo s
- η – Rendimento
- ω – Velocidade angular $2\pi f$ rad/s
- ω_0 – Velocidade angular de ressonância $2\pi f_0$ rad/s

Observação — Veja também a simbologia especial adotada na seleção dos amortecedores de vibrações no item 5.2.

UNIDADES ADOTADAS

O sistema de unidades adotadas, neste volume, é o sistema internacional de unidades SI, cujas unidades fundamentais são:

>comprimento – metro – m
>massa – quilograma – kg
>tempo – segundo –s
>intensidade de corrente elétrica – ampère – A
>temperatura – graus Kelvin – °K
>intensidade luminosa – candela – cd

Especificamente neste estudo de acústica, foram usadas ainda as seguintes unidades derivadas:

>massa específica – kg/m^3
>freqüência – ciclos por segundo – Hz
>velocidade – m/s
>velocidade angular – rad./s
>aceleração – m/s^2
>força – Newton – N, $kg\ m/s^2$
>pressão – N/m^2
>viscosidade – Ns/m^2
>impedância acústica específica – Ns/m^3
>energia – Joule – J = Nm
>potência – Watt – W
>intensidade energética – W/m^2, W/cm^2
>nível de audibilidade – fon
>audibilidade – sone = 40 fon

O SOM

1.1 NATUREZA DO SOM

O som é o resultado das vibrações dos corpos elásticos, quando essas vibrações se verificam em determinados limites de freqüências.

Essas vibrações são mais ou menos rápidas e tomam o nome de vibrações sonoras.

As vibrações sonoras se transmitem ao meio que circunda o corpo sonoro (fonte sonora), produzindo compressões e distensões sucessivas, que se propagam com velocidade uniforme em todas as direções, se a propriedade elástica do meio é igual em todos os seus pontos, isto é, se o meio é isótopo.

O som, portanto, se propaga por meio de impulsos ocasionados ao meio, em torno do corpo sonoro, os quais provocam deformações transitórias que se movimentam longitudinalmente, de acordo com a onda de pressão criada.

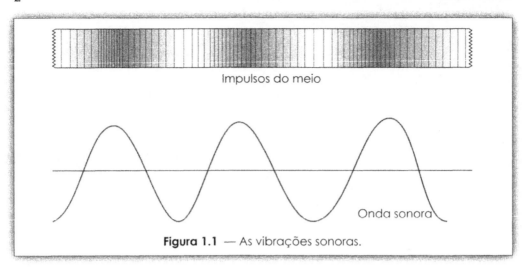

Figura 1.1 — As vibrações sonoras.

Como todo movimento material, o som apresenta certa energia que, em vista das resistências opostas ao seu deslocamento (atrito devido à viscosidade, inércia, obstáculos, etc.), é restituída ao meio.

Esta restituição pode ser de duas maneiras. No primeiro caso, a onda sonora encontra um obstáculo (corpo sólido ou mesmo outro meio elástico fluido de densidade diferente) ao qual cede parte da sua quantidade de movimento, de modo que parte de sua energia é transferida ao obstáculo, o qual entra em vibração. No segundo caso, podemos considerar uma transformação da energia cinética da onda sonora devido à viscosidade do próprio meio em que ela se propaga, em outra forma mais complexa e menos palpável de movimento (movimento molecular) que é o calor.

Na realidade, já a partir da fonte sonora, só parte da energia transmitida ao meio dá origem a uma vibração sonora, enquanto a restante é transformada em calor.

As vibrações recebidas pelo meio, por sua vez, são transmitidas para as partículas adjacentes, até que a energia mecânica disponível, diminuindo, não ocasione mais vibrações perceptíveis, e o som a uma distância determinada da sua fonte cessa.

A onda longitudinal de pressão, ocasionada pela fonte sonora, toma o nome de onda sonora.

A sensação sonora é ocasionada pela ação mecânica das vibrações elásticas do meio, sobre o órgão auditivo.

Em virtude da natureza da onda sonora, o som só se propaga nos meios elásticos, sendo sua velocidade de propagação uma função das propriedades do meio, sejam seu módulo de elasticidade e a densidade, conforme veremos.

O Som

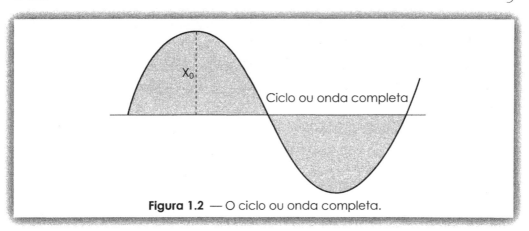

Figura 1.2 — O ciclo ou onda completa.

1.2 ELEMENTOS DA ONDA SONORA

A onda sonora apresenta uma série de qualidades que servem para caracterizá-la completamente.

Assim, podemos distinguir num som a altura, a intensidade e o timbre.

A **altura** se relaciona com a seqüência das vibrações sonoras, isto é, com a freqüência do som e nos diz se um som é agudo ou grave. Segundo a freqüência, classificamos as vozes em baixo, barítono, tenor, contralto, soprano, etc., e as notas musicais em diversas escalas.

O **timbre** se relaciona diretamente com a composição harmônica da onda sonora, isto é, sua forma, e nos permite identificar a procedência do som, seja emitido por uma pessoa ou por um instrumento musical.

A **intensidade** do som diz respeito à amplitude da onda sonora, que caracteriza a variação de pressão do meio em que se verifica a sua propagação. A intensidade do som é medida por meio da potência sonora, propagada por unidade de superfície, a qual toma o nome de intensidade energética.

1.2.1 FREQÜÊNCIA

Dá-se o nome de freqüência de uma onda sonora ao número de vibrações completas executadas pela mesma em um segundo.

A unidade empregada para medir a freqüência da onda sonora é o hertz (Hz), que corresponde à freqüência de um som que executa uma vibração completa ou ciclo, por segundo, entendendo-se por ciclo ou onda completa a totalidade das variações de pressão que, iniciando no zero, apresentam todos os valores positivos e negativos possíveis crescentes e decrescentes, terminam novamente no zero.

A freqüência da onda sonora, isto é, o movimento vibratório das partículas do meio no qual a onda se propaga, é igual àquela da fonte.

Apenas as vibrações dentro de certos limites de freqüência são audíveis pelo homem.

Os limites de audição, quanto à freqüência, estão compreendidos para um órgão auditivo humano normal médio, entre 16 e 30.000 Hz.

A freqüência da onda sonora caracteriza a qualidade chamada de altura do som.

O som de baixa freqüência diz-se grave, enquanto o de alta freqüência diz-se alto ou agudo.

Os sons musicais estão compreendidos entre as freqüências de 30 e 5.000 Hz.

Tomam nome de escalas musicais, séries de 7 sons, que guardam entre si relação determinada de freqüência.

Os sete sons de uma escala musical ou notas musicais são: dó, ré, mi, fá, sol, lá, si.

As escalas musicais se sucedem, a partir de uma escala musical inicial para a qual o dó, ou primeira nota, apresenta uma freqüência de 65,4 Hz.

Dá-se o nome de oitava ao conjunto de notas que vai do dó de uma escala ao dó da escala seguinte, a qual apresenta uma freqüência que é o dobro da freqüência do dó da escala anterior.

As relações de freqüência entre as notas de uma oitava qualquer estão relacionadas abaixo:

TABELA 1-1 — Notas musicais

Dó	Ré	Mi	Fá	Sol	Lá	Si	Dó
1	9/8	5/4	4/3	3/2	5/3	15/8	2

A freqüência de uma nota, de uma escala qualquer, pode assim ser determinada, em função do número da escala "n" e da relação de freqüência da mesma, pela expressão que segue:

$$f = 65{,}4 \; rf \; 2^{n-1}$$

Recebem o nome de intervalos musicais as relações entre as freqüências de dois sons adjacentes de uma mesma escala.

Os intervalos musicais tomam ainda o nome de segunda, terça, quarta, etc., conforme resultem da relação entre as freqüências da segunda e primeira nota, terceira e segunda nota, etc.

Assim temos:

Segunda	Ré — Dó	9/8
Terça	Mi — Ré	10/9
Quarta	Fá — Mi	16/15
Quinta	Sol — Fá	9/8
Sexta	Lá — Sol	10/9
Sétima	Si — Lá	9/8
Oitava	Dó — Si	16/15

O Som

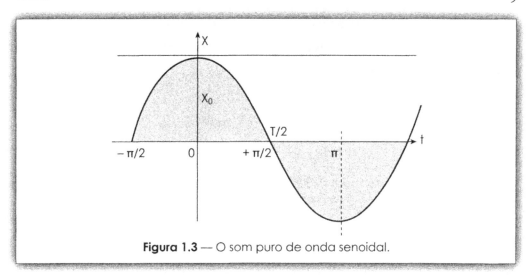

Figura 1.3 — O som puro de onda senoidal.

O intervalo 9/8 recebe o nome de *tom maior*.

O intervalo 10/9 recebe o nome de *tom menor*.

E o intervalo 16/15 recebe o nome de *semitom*.

O inverso da freqüência, isto é, o tempo necessário para efetuar uma onda completa de oscilação, toma o nome de **tempo periódico** ou **período**:

$$T = \frac{1}{f} \quad \text{seg/ciclo}$$

A relação entre a velocidade de propagação do som c em m/s e a frequência f em ciclos/s, nos dá o **comprimento da onda sonora λ**:

$$\lambda = \frac{c}{f} \quad \text{m/ciclo}$$

o qual, para um som de freqüência determinada, dependerá da natureza do meio no qual se dá a propagação.

1.2.2 FORMA DA ONDA

Se registrarmos num sistema de coordenadas cartesianas os deslocamentos das partículas do meio, devidos às oscilações sonoras, em função do tempo, obteremos uma curva periódica que traduz a forma da onda sonora.

Se o som é ocasionado por um diapasão, o movimento oscilatório é o mais simples possível, e a curva que traduz a forma da onda sonora é uma senóide (Figura 1.3).

Trata-se de um movimento harmônico que obedece à equação:

$$X = X_0 \cos \alpha = X_0 \cos \omega t = X_0 \cos 2\pi f t$$

Onde: α é o caminho angular percorrido, que vale $\alpha = \omega t = 2\pi f t$
ω é a velocidade angular
f é a freqüência
X_0 é a amplitude ou elongação máxima da oscilação
t é o tempo decorrido

Chamando de x a distância do ponto de escuta à fonte e c a velocidade do som, num instante qualquer t, podemos escrever que:

$$\alpha = \frac{2\pi}{\lambda} x - 2\pi f t = \frac{2\pi}{\lambda}(x - f\lambda t)$$

Onde: $\frac{2\pi}{\lambda}$ é o caminho angular por unidade de comprimento, e

$f \lambda = c$ é a velocidade do som no meio.

De modo que:

$$\alpha = \frac{2\pi}{\lambda}(x - ct)$$

E fazendo:

$$K = \frac{2\pi}{\lambda}$$

Teremos:

$$\omega = 2\pi f = 2\pi \frac{c}{\lambda} = Kc$$

Donde:

$$X = X_0 \cos(Kx - \omega t) \qquad (1.1)$$

Muito raramente podemos falar de um som puro, devido a vibrações exatamente senoidais.

Os sons comuns são geralmente compostos, resultando da superposição de sons simples, dos quais um de maior intensidade e cuja freqüência caracteriza a altura do som resultante toma o nome de fundamental e outros de menor intensidade, cujas freqüências são múltiplas da do som fundamental que tomam o nome de harmônicos (Figura 1.4).

Do número e da intensidade dos harmônicos depende o timbre do som, qualidade que permite ao ouvido distinguir a procedência do som.

A presença das vibrações harmônicas faz com que a forma da onda sonora não seja mais senoidal.

Existe procedimento matemático que permite achar todas as vibrações simples, componentes de um som complexo qualquer.

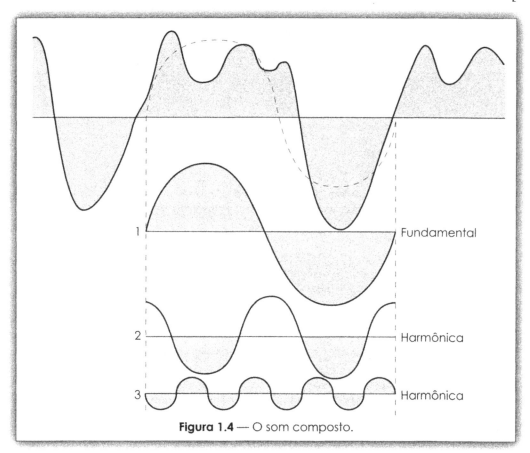

Figura 1.4 — O som composto.

Trata-se do método de análise harmônica, baseada no teorema de Fourier, o qual nos assegura que: **qualquer movimento periódico independentemente de sua forma, de sua natureza específica ou do modo pelo qual teve origem, pode ser reproduzido exatamente, compondo-se um certo número de movimentos simples, cujas relações de freqüência são números inteiros**.

Mecanicamente, a análise harmônica de um som, isto é, a determinação das vibrações simples de que é constituído, se baseia no fenômeno de ressonância.

Este fenômeno, importantíssimo em todos os ramos da tecnologia, consiste no seguinte: **quando um oscilador é solicitado por impulsos periódicos, a máxima amplitude atingida, compatível com a energia em jogo, se verifica quando a freqüência dos impulsos coincide com a freqüência do oscilador**.

Portanto, construindo-se osciladores acústicos de diversas freqüências (ressonadores), os quais entram espontaneamente em vibração quando no meio em que se encontram se propaga um som de mesma freqüência, podemos efetuar a análise citada.

Assim, para os ressonadores esféricos de raio r, a oscilação natural tem um comprimento de onda de $2,28\ r$. Para os cilíndricos $2,61\ r$ e para os prismáticos de base quadrada de lado l, $1,41\ l$.

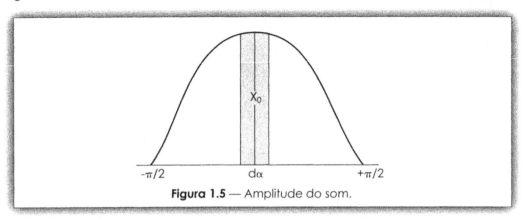

Figura 1.5 — Amplitude do som.

Entretanto, modernamente os oscilógrafos eletromagnéticos de raios catódicos, permitem uma análise muito mais rápida exata e completa dos sons.

A análise harmônica dos sons permite estabelecer uma distinção entre **sons** e **ruídos**.

Assim, aquelas sensações que, por serem agradáveis ao nosso ouvido, se chamam **sons**, são formadas, como já foi dito, por uma nota fundamental acompanhada de um número limitado de harmônicas, cuja característica mais importante é de apresentarem uma intensidade pequena em relação à fundamental que é a dominante.

Já os **ruídos**, por sua vez, causam sensações tanto menos agradáveis, quanto maior é o número de notas que o compõem e mais alta sua freqüência.

Na voz humana, as consoantes se comportam como ruídos, enquanto as vogais se comportam como sons, nos quais há sempre uma nota de freqüência que é a dominante qualquer que seja a pessoa que a produza, acompanhada de determinadas harmônicas que lhe dão o timbre característico.

Assim o u é formado de um "fá$_2$", que, entretanto, não é a nota mais intensa, acompanhado da 2.ª, 3.ª e 4.ª harmônicas.

O i por sua vez é formado por um "fá$_2$" e um "ré$_3$", acompanhados da 4.ª, 5.ª, 6.ª, 7.ª, 8.ª, 9.ª e 10.ª harmônicas.

1.2.3 AMPLITUDE

Amplitude de uma onda sonora é o maior ou menor deslocamento atingido pelas partículas do meio, em virtude das oscilações que a formaram.

Assim, conforme vimos, num sistema de coordenadas cartesianas a amplitude X' em função do tempo t nos é dada por:

$$X = X_0 \cos \alpha = X_0 \cos (\omega t - Kx)$$

Onde X é a amplitude num ponto qualquer da onda, enquanto X_0 é a amplitude máxima da mesma (Figura 1.5).

Como se trata aqui de uma função harmônica senoidal, a amplitude pode apresentar os valores característicos (médio e eficaz) semelhantes aos da corrente elétrica alternada.

$$X_{\text{médio}} = \frac{\int_{-\pi/2}^{+\pi/2} X_0 \cos\alpha \, d\alpha}{\pi} = \frac{[X_0 \text{sen } \alpha]_{-\pi/2}^{+\pi/2}}{\pi} = \frac{2X_0}{\pi} = 0{,}637 X_0$$

$$X_{\text{eficaz}} = \sqrt{\frac{\int_{-\pi/2}^{+\pi/2} X^2 \, d\alpha}{\pi}} = \sqrt{\frac{\int_{-\pi/2}^{+\pi/2} X_0^2 \cos^2\alpha \, d\alpha}{\pi}}$$

$$= \sqrt{\frac{X_0^2}{\pi} \int_{-\pi/2}^{+\pi/2} \left(\frac{1+\cos 2\alpha}{2}\right) d\alpha} = \sqrt{\frac{X_0^2}{\pi}\left[\frac{\alpha}{2} + \frac{\text{sen } 2\alpha}{4}\right]_{-\pi/2}^{+\pi/2}}$$

$$= \sqrt{\frac{X_0^2}{\pi}\left[\frac{\pi}{4} + \frac{\pi}{4}\right]} = \sqrt{\frac{X_0^2}{2}} = 0{,}707 X_0$$

Capítulo

PROPAGAÇÃO DA ONDA SONORA

A propagação da onda sonora, conforme já foi citada, se dá pela vibração elástica (mecânica) dos meios ponderáveis ou corpos de uma maneira geral, sejam aeriformes, líquidos ou sólidos.

Ao contrário da eletricidade, da luz e das vibrações eletromagnéticas de uma maneira geral, as ondas sonoras não se propagam no vácuo.

A análise matemática do movimento tridimensional de um fluido perfeito, que seria o ponto de partida mais geral para o estudo da propagação da onda sonora nos meios elásticos ponderáveis, apresenta interesse puramente teórico e ilustrativo.

De modo que preferiremos analisar a propagação das ondas elásticas longitudinais (consideradas planas) num meio compressível, contínuo e isótopo, a qual atende perfeitamente ao objetivo deste livro, que pretendemos tenha a finalidade técnica de aplicação direta na solução dos problemas acústicos das construções.

A consideração da propagação do som por meio de ondas planas, só é possível na hipótese de que a fonte sonora seja constituída por um plano infinito.

Na prática, entretanto, as conclusões que se obtêm, aplicando-se este proceder a uma onda de grande curvatura, como ocorre com aquelas que se encontram bastante afastadas da fonte, são satisfatórias.

Observamos finalmente, que as simplificações impostas à equação do movimento tridimensional de um fluido perfeito, pelo proceder que adotaremos, a rigor só valem para ondas caracterizadas por deslocamentos de amplitude muito pequena, o que podemos admitir para os sons e rumores comuns.

2.1 COMPRESSIBILIDADE

Compressibilidade ou elasticidade tridimensional de um corpo é a característica pelo qual o mesmo sofre variações de volume sobre a ação de variações da pressão externa.

Todos os corpos ou elementos ponderáveis da natureza são compressíveis, embora os líquidos e os sólidos, na análise de certos fenômenos, possam ser considerados como incompressíveis devido à sua baixa compressibilidade.

A compressibilidade de uma substância qualquer é caracterizada pelo chamado índice de compressibilidade α', o qual é definido como sendo a relação entre a variação de volume e a variação de pressão sofrida pela unidade de volume da mesma, isto é:

$$\alpha' = -\frac{1}{V}\frac{dV}{dp} = -\frac{1}{v}\frac{dv}{dp} \qquad (2.1)$$

Onde, no sistema internacional de unidades SI:
V – é o volume em m^3
v – é o volume específico em m^3/kg
p – é a pressão em N/m^2

De modo que o coeficiente de compressibilidade tem por unidade m^2/N.

Ao inverso do coeficiente de compressibilidade, dá-se o nome de módulo de elasticidade E:

$$E = \frac{1}{\alpha'} = -\frac{v}{1}\frac{dp}{dv} \quad N/m^2 \qquad (2.2)$$

Para a água a 0°C e à pressão atmosférica, o módulo de elasticidade vale aproximadamente:

$$E = 2,128 \cdot 109 \ N/m^2$$

Para os gases perfeitos, podemos calcular o módulo de elasticidade, a partir da equação geral das transformações politrópicas:

$$pv^n = \text{constante}$$

Isto é:

$$npv^{n-1}dv + v^n dp = 0$$

Ou seja:

$$\frac{dp}{dv} = -\frac{np}{v}$$

Donde:

$$E = -\frac{v \, dp}{dv} np \qquad (2.3)$$

Conclui-se daí que o módulo de elasticidade dos gases depende do tipo de transformação, seguida pelo mesmo durante a variação de pressão (para maiores detalhes veja na bibliografia Termodinâmica I de ECC página 130).

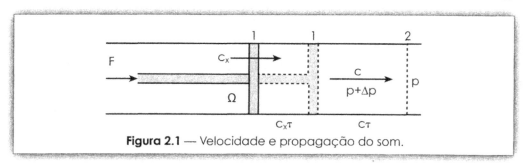

Figura 2.1 — Velocidade e propagação do som.

Na propagação das ondas de pressão do som nos gases, onde a transformação devido à sua rapidez pode ser considerada teoricamente como isentrópica (adiabática sem atrito) $n = k$, teríamos, com boa aproximação:

$$E = kp \qquad (2.4)$$

Portanto, o módulo de elasticidade dos gases varia proporcionalmente à pressão que suportam.

Considerando o ar como um gás perfeito e lembrando que para o mesmo, o coeficiente de Poisson $k = C_p/C_v = 1,4$, podemos dizer que a pressão atmosférica normal, o módulo de elasticidade vale:

$$E = 1{,}4 \times 101.315 \text{ N/m}^2 = 141.842 \text{ N/m}^2$$

Ou seja, é cerca de 15.000 vezes inferior ao da água.

2.2 VELOCIDADE DE PROPAGAÇÃO LONGITUDINAL DAS ONDAS DE PRESSÃO NUM MEIO CONTÍNUO ISÓTOPO

A transmissão das pressões no seio de uma massa fluida não é instantânea. Ela leva um determinado tempo para percorrer uma certa distância, o que caracteriza uma velocidade de deslocamento que é, na realidade, igual à velocidade de propagação do som no meio considerado.

Dentro da hipótese que formulamos no início deste parágrafo, a determinação da expressão desta velocidade de deslocamento no sentido longitudinal, num meio compressível, pode ser feita considerando-se um fluido contínuo e isótopo contido num tubo rígido de seção Ω, tendo em uma de suas extremidades um pistão como mostra a Figura 2.1.

Deslocando o pistão para a direita com uma velocidade c_x, durante um tempo τ, haverá um acréscimo de pressão Δp, que se propagará através do fluido com uma velocidade c que é a velocidade do som no mesmo.

Assim, no intervalo de tempo τ, o pistão terá deslocado uma massa fluida de massa específica ρ, igual a $\Omega c_x \tau \rho$, enquanto devido ao acréscimo de pressão Δp, a massa específica do fluido entre 1 e 2 sofrerá um acréscimo $\Delta \rho$.

Como a massa deslocada pelo pistão deve ser igual ao ganho de massa devido ao acréscimo de densidade, devemos ter:

$$\Omega c_x \tau \rho = \Omega c \tau \Delta \rho$$

Isto é:

$$c = \frac{c_x \rho}{\Delta \rho} \qquad (2.5)$$

Por outro lado, a força que impulsiona a massa m de fluido deve ser igual ao produto desta massa pela aceleração c/τ que a mesma adquire:

$$F = m\,a \qquad \Omega \Delta p = \Omega c_x \tau \rho \frac{c}{\tau}$$

Isto é:

$$c - \frac{\Delta p}{c_x \rho} \qquad (2.6)$$

O produto das equações 2.5 e 2.6 nos fornece:

$$c = \sqrt{\frac{\Delta p}{\Delta \rho}} = \sqrt{\frac{dp}{d\rho}} \qquad (2.7)$$

Como a massa específica $\rho = 1/v$, podemos fazer:

$$\rho = \frac{1}{v} = v^{-1}, \quad d\rho = -\frac{dv}{v^2}$$

De modo que obtemos ainda:

$$c = \sqrt{-\frac{v^2 dp}{dv}}$$

E lembrando a expressão do módulo de elasticidade E dada na equação 2.2:

$$c = \sqrt{Ev} = \sqrt{\frac{E}{\rho}} \qquad (2.8)$$

2.3 VELOCIDADE DE PROPAGAÇÃO DO SOM NOS DIVERSOS MEIOS

Para o caso de líquidos e sólidos que têm uma compressibilidade muito pequena, podemos considerar, dentro dos limites de aplicação dos problemas práticos, ρ como constante, e a velocidade de propagação do som nos mesmos pode ser calculada com bastante exatidão pela expressão 2.8.

Assim, adotando-se o sistema de unidades internacional SI, no qual o módulo de elasticidade nos é dado por N/m² e a massa específica é dada por kg/m³, podemos calcular para a água destilada:

$$E = 2{,}13 \times 10^9 \text{ N/m}^2$$
$$\rho = 1.000 \text{ kg/m}^3$$

Donde:

$$c = \sqrt{\frac{2{,}13 \times 10^9}{1.000}} = 1.461 \text{ m/s}$$

A Tabela 2-1 nos fornece os valores médios dos elementos de cálculo e das velocidades do som, para as condições normais de diversos líquidos e sólidos.

Para o caso dos aeriformes, que são altamente compressíveis e ainda apresentam um módulo de elasticidade proporcional à pressão que suportam, a velocidade do som depende como vimos da transformação sofrida pelo fluido, durante o processo de propagação.

Nestas condições, é preferível calcular a velocidade do som nos aeriformes, a partir da expressão 2.6:

$$c = \sqrt{Ev}$$

Onde, conforme vimos, considerando em virtude da rapidez da transformação a operação teoricamente como isentrópica (adiabática sem atrito), o módulo de elasticidade assume o valor da expressão 2.4 ou seja $E = kp$, de modo que teremos:

$$c = \sqrt{kpv} \qquad (2.9)$$

TABELA 2-1 — Velocidade de propagação do som nos líquidos e sólidos

Meio	E N/m²	ρ kg/m³	c m/s
Água destilada	2,13 x 10⁹	1.000	1.461
Álcool metílico	1,06 x 10⁹	810	1.143
Gasolina	1,32 x 10⁹	680	1.395
Água do mar	2,33 x 10⁹	1.030	1.504
Prata	75,30 x 10⁹	10.500	2678
Alumínio	70,62 x 10⁹	2.710	5.105
Ferro	207,93 x 10⁹	7.900	5.130
Aço	194,22 x 10⁹	7.800	4.990
Chumbo	19,74 x 10⁹	11.300	1.322
Vidro sódico	60,30 x 10⁹	2.500	4.911
Parafina (160°C)	1,53 x 10⁹	900	1.304
Rocha	15,62 x 10⁹	2.500	2.500

Os gases permitem ainda uma simplificação da equação acima, pois de acordo com a equação geral dos gases perfeitos:

$$pv = RT$$

De modo que podemos escrever:

$$c = \sqrt{kRT} \qquad (2.10)$$

Onde a temperatura absoluta em graus Kelvin $T = t + 273$.

A equação anterior nos mostra que, na propagação do som nos meios ditos compressíveis (gases e vapores), bem definidos (R, $k = C_p/C_v$), a velocidade depende unicamente da temperatura.

A Tabela 2-2 nos fornece as características de cálculo e as velocidades do som para alguns aeriformes, para a temperatura de 20°C.

Chamando, por outro lado, de c_0 a velocidade do som a 0°C, isto é:

$$c_0 = \sqrt{kRT_0} = \sqrt{kR\ 273}$$

Podemos calcular a velocidade do som em um gás, a partir da velocidade do som no mesmo a 0°C:

$$c = c_0 \sqrt{\frac{T}{T_0}} \qquad (2.11)$$

Assim para o ar, no qual a velocidade do som a 0°C vale:

$$c_0 = \sqrt{1,4 \times 287,02 \times 273} = 331 \ \text{m/s}$$

$$c = 331\sqrt{\frac{T}{T_0}} = 331\sqrt{\frac{273+t}{273}} = 331\sqrt{\left(1+\frac{t}{273}\right)} \cong 331 + 0,606t \ \text{m/s}$$

TABELA 2-2 — Velocidade de propagação do som nos aeriformes			
Meio	R Nm/kg°K	k = C_p/C_v	c m/s
Ar	287,02	1,4	344
Nitrogênio	296,73	1,4	349
Hidrogênio	4.124,40	1,407	1.304
Oxigênio	259,86	1,4	327
Anidrido carbônico	188,96	1,3	268
Vapor de água	461,47	1,3	419

2.4 POTÊNCIA SONORA E INTENSIDADE ENERGÉTICA

Devemos distinguir dois movimentos na propagação do som, um que é a vibração das partículas, caracterizado pela amplitude X e o outro que é o deslocamento longitudinal caracterizado pela velocidade do som no meio c.

Na realidade, a potência apresentada pela onda sonora é devida à energia cinética de vibração das partículas com uma velocidade $c_X = dX/dt$,

Assim, considerando que na unidade de tempo a massa que é posta em vibração ao longo de uma superfície S qualquer é $m = V\rho = Sc\rho$, e lembrando que a variação da amplitude de $+X$ a $-X$, podemos escrever que a potência sonora W, vale:

$$W = 2 \times \frac{mc_X^2}{2} = 2 \times \frac{Sc\rho c_X^2}{2}$$

Com efeito, a potência sonora também pode ser calculada pela força $F = Sp_a$, multiplicada pelo deslocamento na unidade de tempo da vibração sonora:

$$\text{Potência} = Sp_a c_X$$

De modo que:

$$Sp_a c_X = Sc\rho c_X^2$$

Donde:

$$p_a = c\rho c_X$$

$$W = Sp_a c_X = \frac{Sp_a^2}{c\rho} \qquad (2.12)$$

A potência da onda sonora, por unidade de superfície, toma o nome de intensidade energética I e, nos é dada por:

$$I = \frac{W}{S} = \frac{p_a^2}{c\rho} \qquad (2.13)$$

O produto $c\rho$ tem a conotação de uma resistência ao fluxo da onda sonora e toma o nome de **impedância acústica específica Z**.

Esta potência, entretanto, varia com o tempo, isto é, a expressão acima de W é da potência instantânea.

A potência média, em se tratando de uma vibração senoidal, conforme proceder adotado em eletricidade e que analisamos no item 1.2.3, nos será dada por:

$$W_m = \frac{Sp_{\text{eficaz}}^2}{\rho c} = \frac{S(0,707 p_0)^2}{\rho c} = \frac{Sp_0^2}{2\rho c} \qquad (2.14)$$

Onde p_0 representa a pressão máxima.

E, da mesma forma, podemos escrever que a intensidade energética média I_m, vale:

$$I_m = \frac{W_m}{S} = \frac{p_{eficaz}^2}{\rho c} = \frac{p_0^2}{2\rho c} \qquad (2.15)$$

No sistema internacional de unidades SI, a intensidade energética é medida em J/sm^2 ou W/m^2, a qual vale:

$$1 W/m^2 = 10^{-4} \; W/cm^2 = 10^2 \; \mu W/cm^2 = 10^{-4} \; J/cm^2 \; s = 10^3 \; erg/cm^2 \; s$$

Os sons audíveis apresentam ao ar intensidades energéticas que variam aproximadamente de 10^{-16} W/cm^2 a 10^{-4} W/cm^2, dentro do limites de freqüências usuais.

O fluxo total de energia das fontes sonoras, correspondentes às intensidades da zona de audibilidade, são extremamente débeis.

Basta lembrar que um orador irradia em média cerca de 25 a 50 μW, e a intensidade média da palavra, não-amplificada em um auditório, é da ordem de centésimos de micro Watt por cm^2 (10^{-8} W/cm^2).

Para o ar, como:

$$c = 344 \text{ m/s} \qquad \rho = 1{,}2 \text{ kg/m}^3$$

Teremos, para a pressão eficaz dada em N/m^2:

$$I = \frac{p_e^2}{344 \times 1{,}2} = \frac{p_e^2}{414} W/m^2 = 10^2 \frac{p_e^2}{414} \mu W / cm^2$$

2.5 A AUDIÇÃO

O ouvido humano tem a capacidade de distinguir, de uma maneira mais ou menos perfeita para os diversos indivíduos, a freqüência, a intensidade e o timbre de um som.

O campo de audibilidade, entretanto, é bastante limitado, tanto com relação à freqüência, como com relação à intensidade.

Assim, quanto à freqüência, os sons audíveis estão limitados pelos valores de 16 Hz a 20 Hz, até 20.000 Hz a 32.000 Hz, de acordo com a situação do órgão auditivo.

Quanto à intensidade, os sons que apresentam uma intensidade muito baixa não são apreendidos mesmo por um ouvido normal, enquanto, por outro lado, os sons muito intensos causam uma sensação de dor, tornando-se novamente audíveis para pressões sonoras maiores.

Além disso, os limites de audibilidade dependem da forma da onda, ou composição da onda sonora que caracteriza o timbre do mesmo, de modo que, para estabelecer os limites aludidos em função unicamente da freqüência e intensidade do som, é importante referi-los a sons puros.

Propagação da Onda Sonora

2.5.1 AUDIOGRAMA

Registrando em um sistema de coordenadas, as freqüências em Hz e a intensidade energética em W/cm² (ou a pressão eficaz em N/m² = 10 dyn/cm² = μbar) e, assinalando para cada freqüência as máximas e mínimas intensidades energéticas de sons puros audíveis, obteremos duas linhas limites, chamadas de audibilidade e de dor, que constituem o *audiograma do ouvinte*.

É importante assinalar que esses limites são puramente convencionais e se referem a um ouvido normal médio em condições comuns.

A Figura 2.2 nos mostra um audiograma normal médio de sons puros, em escala logarítmica que é a mais adequada, conforme veremos, para assinalar a variação da sensação ocasionada pelo som ao nosso ouvido.

A área compreendida entre as duas curvas limites corresponde ao *campo de audição normal*, o qual apresenta limites de intensidade de audição e dor, variáveis com a freqüência.

A freqüência de limites de intensidade mais amplo é a de um som puro de 1.000 Hz, cujos limites são de 10^{-4} W/cm² (2×10 N/m²) a 10^{-16} W/cm² (2×10^{-5} N/m²).

A área tracejada por sua vez mostra a zona mais importante para a audição da palavra, cujos limites são de freqüências de 250 Hz a 2.000 Hz e intensidades de 6×10^{-10} W/cm² (0,05 N/m²) a 6×10^{-6} W/cm² (5 N/m²).

2.5.2 SENSAÇÃO AUDITIVA

Dá-se o nome de sensação auditiva (S) à maior ou menor impressão causada em nosso ouvido pelo som.

Para cada freqüência, ao aumentar a pressão sonora eficaz, cresce a sensação auditiva, desde zero na linha limite de audibilidade até um máximo na linha limite de dor, conforme lei que podemos chamar de *característica de audição para a freqüência dada*.

Chamando de S_f e sendo p_e a pressão eficaz da onda sonora, a expressão analítica da característica de audição para uma determinada freqüência nos seria dada por:

$$S_f = f(p_e, \text{ou } I_m)$$

A avaliação da sensação auditiva é baseada na lei de Fechner Weber, segundo a qual, para todas as sensações, a mínima variação de estímulo necessária para produzir uma variação de sensação perceptível, é proporcional ao estímulo já existente.

Para compreender bem esta assertiva, basta lembrar a experiência seguinte: num ambiente com uma vela acesa, ao acendermos mais uma, perceberemos facilmente um aumento de luminosidade. Entretanto, se neste ambiente estiverem acesas 10 velas e acendermos mais uma, a variação de luminosidade será imperceptível.

Na realidade, conforme veremos, se a acuidade de visão do olho humano fosse igual à acuidade auditiva do ouvido humano, só com um acréscimo de, no mínimo, 13% do estímulo já existente é que notaríamos um aumento de claridade (1,3 velas).

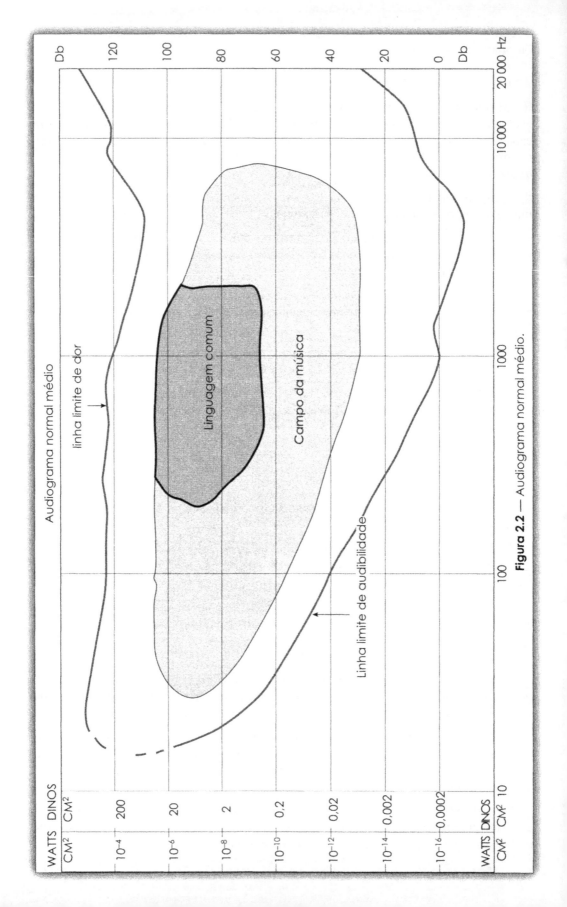

Figura 2.2 — Audiograma normal médio.

Propagação da Onda Sonora

Nestas condições, considerando que o estímulo da sensação auditiva é a intensidade energética do som, podemos escrever:

$$\frac{dI}{dS} = kI \quad \text{ou} \quad \frac{dI}{I} = k\,dS$$

Expressão cuja integral nos fornece:

$$\ln I = kS + C$$

Ou ainda em logaritmos decimais:

$$\log I = \frac{k}{2,303}S + \frac{C}{2,303}$$

A integral definida entre duas intensidades energéticas I_0 do limite de audição e I qualquer, os quais correspondem respectivamente às sensações S_0 que faremos igual a zero e S, será:

$$S = \frac{1}{k}\ln\frac{I}{I_0} = \frac{2,303}{k}\log\frac{I}{I_0} \tag{2.16}$$

Ou ainda, de acordo com a equação geral 4.4, considerando como estímulos da sensação auditiva, a potência sonora W ou a pressão acústica p_{ef}:

$$S = \frac{1}{k}\ln\frac{W}{W_0} = \frac{2,303}{k}\log\frac{W}{W_0} \tag{2.17}$$

$$S = \frac{1}{k}\ln\frac{p_{ef}^2}{p_0^2} = \frac{2,303}{k}2\log\frac{p_{ef}}{p_0} \tag{2.18}$$

As sensações acústicas, assim obtidas, são chamadas também de:
- nível de intensidade sonora NIS ou L_I, quando referida a intensidade energética.
- nível de potência sonora NWS ou L_W, quando referida a potência sonora.
- nível de pressão sonora NPS ou L_p, quando referida a pressão da onda sonora.

Esta lei, na realidade, só é válida para freqüências compreendidas entre 700 Hz e 4.000 Hz. Entretanto, como a função logarítmica da intensidade sonora é bastante cômoda para a avaliação da sensação auditiva de um som, este proceder, com as devidas correções, se tornou de uso comum na acústica técnica.

Sensação auditiva convencional ou **nível sonoro** — é o valor definido pelas equações 2.16, 2.17 e 2.18 para uma freqüência de referência de 1.000 Hz.

Nestas condições, a sensação auditiva convencional nula corresponderá à linha limite de audibilidade, na qual a intensidade energética I_0 vale 10^{-16} W/cm² (20×10^{-6} N/m²).

Fazendo na equação 2.16, $k = 2$, obtemos o valor do nível sonoro em Nepers, unidade adotada em telefonia:

$$S_{\text{nepers}} = 0,5\ln\frac{I}{I_0} \tag{2.19}$$

Atualmente, entretanto, a escala de Fletcher é adotada universalmente. Sua unidade o bel (B), se obtém fazendo nas equações 2.16, 2.17 e 2.18 $k = 2{,}303$, de modo que:

$$S_{bel} = \log \frac{I}{I_0} \quad (2.20)$$

O decibel (dB) é um submúltiplo do bel, de tal modo que:

$$S_{decibel} = L_I = \text{NIS} = 10\log \frac{I}{I_0} \quad (2.21)$$

Equações essas que podem ser expressas também em função de W e p_{ef}:

$$S_{decibel} = L_W = \text{NWS} = 10\log \frac{W}{W_0} \quad (2.22)$$

Fazendo em qualquer uma das equações acima $S_{dB} = 1$, obtemos:

$$\log \frac{I}{I_0} = \frac{1}{10} \quad e \quad \frac{I}{I_0} = 1{,}26$$

E podemos dizer que a unidade de sensação auditiva convencional, o decibel, é a diferença de sensação auditiva que o ouvido percebe, quando a intensidade energética do som aumenta de 26%.

Como ouvidos normais percebem variações de 10% a 12% da intensidade energética do som, podemos dizer que a acuidade auditiva humana normal permite detectar variações de $1/2$ dB.

Para a freqüência de referência de 1.000 Hz, o nível sonoro (sensação auditiva convencional) varia de zero na linha limite de audibilidade até cerca de 120 dB na linha limite de dor.

Por outro lado, como a sensação auditiva convencional é diretamente proporcional ao logaritmo da intensidade energética, o fato de ter adotado uma escala logarítmica decimal para a ordenada (intensidade energética ou mesmo pressão sonora), a representação nesta mesma ordenada do nível sonoro que varia de 0 dB a 120 dB, será numa escala uniforme.

Em alguns casos práticos, é importante conhecer o nível de potência sonora (NWS) correspondente à potência sonora total W da fonte a qual como sabemos vale $S \times I$.

Nessas condições, imaginando uma fonte pontual que transmite o som em todas as direções, teríamos:

$$W = SI = 4\pi r^2 I$$

De modo que podemos escrever:

$$L_W = \text{NWS} = 10\log \frac{IS}{I_0} = 10\log \frac{I}{I_0} + 10\log(4\pi r^2)$$

$$L_W = \text{NWS} = S + 10\log(4\pi r^2) \quad (2.23)$$

Embora a potência sonora da fonte seja uma característica intrínseca da mesma, independendo da natureza do meio e da distância dessa ao observador, a relação entre essa e a sensação auditiva do observador depende da superfície de propagação abrangida pela onda sonora, ou seja, a **diretividade** da onda sonora e da distância.

Lembrando que a sensação auditiva é diretamente proporcional ao logaritmo da intensidade energética que, por sua vez, é inversamente proporcional à superfície S e, portanto, ao quadrado da distância d do observador à fonte, podemos chegar às conclusões que seguem.

2.5.2.1 Adição de sensações auditivas

Consideremos dois sons puros de sensações auditivas de S_1 e S_2:

$$S_1 = 10\log\frac{I_1}{I_0}, \quad \log\frac{I_1}{I_0} = \frac{S_1}{10}, \quad \frac{I_1}{I_0} = 10^{S1/10}$$

e igualmente

$$\frac{I_2}{I_0} = 10^{S2/10}$$

De modo que a sensação auditiva total St correspondente à soma dessas duas intensidades energéticas nos será dada por:

$$St = 10\log\frac{I_1+I_2}{I_0} = 10\log(10^{S1/10} + 10^{S2/10}) = 10\log 10^{S1/10} + 10\log[1+10^{(S2-S1)/10}]$$

$$St = S_1 + 10\log[1+10^{(S2-S1)/10}] = S_1 + \Delta S$$

Exemplo

Seja adicionar a sensação auditiva de 2 sons de $S_1 = 80$ dB e $S_2 = 70$ dB

De acordo com o anterior, teríamos: $S_t = 80 + 10 \log (1 + 10^{-1}) = (80 + 0{,}414)$ dB

O que nos mostra que na soma de níveis sonoros, quando as diferenças são superiores a 10 dB, o acréscimo de sensação auditiva ΔS em relação ao nível maior é desprezável.

2.5.2.2. Subtração de sensações auditivas

A subtração de sensações auditivas é comum na prática, quando desejamos isolar o ruído provocado por uma fonte definida dos demais ruídos existentes num determinado local (ruídos de fundo).

Neste caso, chamando de St a sensação auditiva global, e S_f a sensação auditiva correspondente aos ruídos de fundo, podemos de maneira semelhante ao caso anterior determinar qual será a sensação auditiva devida unicamente à fonte definida Sd:

$$Sd = 10\log\frac{It - If}{I_0} = 10\log(10^{St/10} - 10^{Sf/10}) = 10\log 10^{St/10}\left[\frac{10^{St/10} - 10^{Sf/10}}{10^{St/10}}\right]$$

$$\Delta s = 10\log 10^{St/10} + 10\log[1 - 10^{(Sf-St)/10}] = St + 10\log[1 - 10^{(Sf-St)/10}]$$

Exemplo

Como no caso anterior, considerando $S_t = 80$ dB e $S_f = 70$ dB, podemos calcular:

$$\Delta S = 80 + 10\log(1 - 10^{-1}) = 80 + 10\log 0{,}9 = 80 - 0{,}458 = 79{,}542 \text{ dB}$$

E podemos concluir, como no caso anterior, que, para valores de $S_t - S_f$ inferiores a 10 dB, a sensação auditiva total não precisa ser corrigida para obter-se a sensação auditiva devida exclusivamente ao equipamento em análise.

2.5.2.3 Aumento e redução das sensações auditivas

A equação 2.21 nos mostra ainda, que, ao dobrar a intensidade energética do som, a sensação auditiva aumenta apenas de $10\log 2 = 3{,}01$ dB.

Por esta razão, a amplificação prática da sensação auditiva, que envolve valores da ordem da 30 dB representa multiplicações da intensidade energética e, portanto, da potência sonora original da ordem de milhares de vezes.

O mesmo ocorre na redução da sensação auditiva, nos processos de isolamento e atenuação do som, onde os valores envolvidos atingem até mais do que 60 dB, implicando, portanto, reduções da energia sonora a milionésimos de seu valor inicial.

Por outro lado, as reduções da sensação auditiva com o aumento da distância à fonte podem ser quantificadas, sabendo-se que a superfície de propagação da onda sonora aumenta com o quadrado desta.

Assim, ao dobrar a distância à fonte, a superfície de propagação da onda fica quatro vezes maior, reduzindo sua potência por unidade de superfície I para a quarta parte, de modo que a sensação auditiva diminui $10\log 0{,}25$ ou seja -6 dB.

2.5.3 SENSAÇÃO AUDITIVA EQUIVALENTE

A sensação auditiva convencional ou nível sonoro, por se referir à freqüência de 1.000 Hz, obviamente não pode servir como medida da sensação ocasionada pelo som, quando são confrontados sons de diferentes freqüências.

O ouvido é bastante mais sensível para freqüências compreendidas entre 700 Hz e 4.000 Hz, de modo que a lei aproximada de Fechner Weber que considera a relação dI/I como constante para todo o campo de audibilidade, o que na realidade não se verifica, nos obriga a estabelecer uma nova grandeza que nos dê o valor da sensação auditiva para qualquer freqüência.

Propagação da Onda Sonora

A **sensação sonora equivalente** é o nível sonoro de um som puro de freqüência igual a 1.000 Hz, que produz no ouvido o mesmo efeito do som puro de freqüência qualquer em exame.

A sensação sonora equivalente S_e pode ser expressa por:

$$S_e = 10\log\varepsilon\frac{I}{I_0} \qquad (2.24)$$

e a sua unidade é o fon.

A partir da equação 2.24 podemos escrever:

$$S_e = 10\log\varepsilon + 10\log\frac{I}{I_0} = 10\log\varepsilon + S$$

O valor de ε é uma função da freqüência e da intensidade energética do som.

Naturalmente para uma freqüência de 1.000 Hz, $\varepsilon = 0$ e $S_e = S$.

Fletcher e Munson determinaram as curvas de igual sensação equivalentes chamadas isofônicas, a partir das quais é possível a determinação de ε.

No audiograma da Figura 2.3 estão registradas as curvas em questão, e a Tabela 2-3 registra os valores de ε em função da freqüência para diversos valores da sensação sonora equivalente.

F Hz	S_e 20 fon	S_e 40 fon	S_e 60 fon	S_e 80 fon	S_e 100 fon	S_e 120 fon
100	0,0008	0,0060	0,0700	0,6000	1,0000	0,4000
200	0,0130	0,0600	0,2500	0,8000	1,0000	0,4500
500	0,4000	0,6000	0,8000	1,0000	0,8000	0,5000
1.000	1,0000	1,0000	1,0000	1,0000	1,0000	1,0000
3.000	3,5000	2,0000	1,6000	2,5000	4,5000	7,0000
5.000	1,6000	1,2000	1,0000	1,8000	3,1000	7,0000

TABELA 2-3 — Correções das sensações auditivas equivalentes, em função da freqüência

A escala das sensações auditivas equivalentes assim obtidas não é, entretanto, a sensação auditiva verdadeira, nos dando apenas uma idéia da proporcionalidade das sensações ocasionadas pelo som ao variar a sua freqüência.

De modo que não podemos deixar de reconhecer o caráter puramente convencional da escala de sensações sonoras equivalentes, a qual se impôs na técnica devido à sua simplicidade.

Na realidade, conforme experiências mais recentes realizadas, as sensações auditivas verdadeiras são bem maiores do que as sensações auditivas equivalentes.

Modernamente, aparelhos de medida do som, constituídos de circuitos eletrônicos de sensibilidade variável de acordo com a freqüência, tentam reproduzir com a máxima exatidão possível o comportamento de ouvido humano, dividindo a sua avaliação em cir-

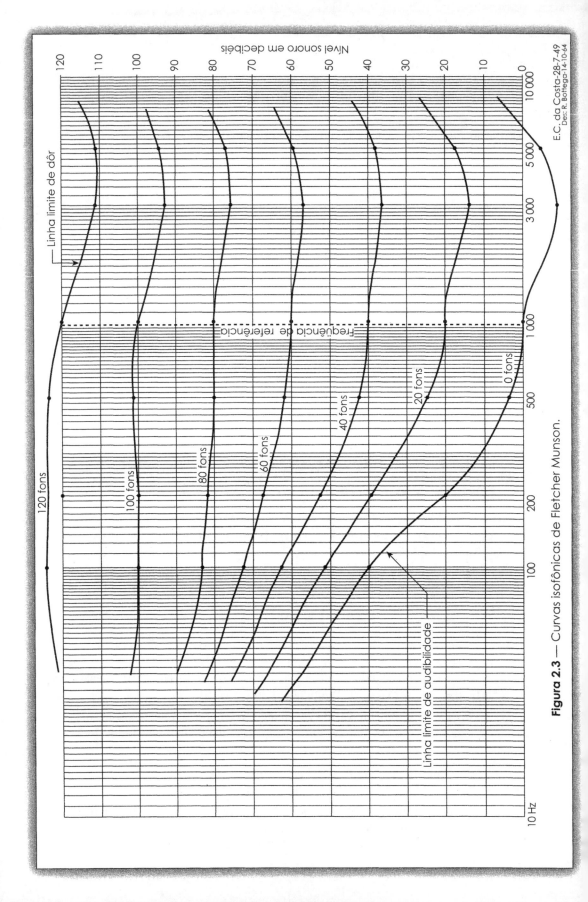

Figura 2.3 — Curvas isofônicas de Fletcher Munson.

cuitos de escalas ponderadas A, B, C e D, de acordo com a pressão sonora ou intensidade energética do som,

O circuito de escala ponderada A mede a sensação auditiva equivalente, inferiores a 40 fons.

Os circuitos de escalas ponderadas B e C se adaptam para a medida da sensação auditiva equivalente correspondentes a sons de 70 fons e 100 fons, respectivamente.

Finalmente, a etapa D foi concebida para a medida de ruídos muito elevados como ocorrem em aeroportos.

Atualmente, entretanto, somente o procedimento A é largamente usado, já que os demais não fornecem uma equivalência subjetiva aceitável.

Assim, as normas brasileiras a respeito do assunto, quando falam em sensação auditiva equivalente, citam o **nível de pressão sonora equivalente L_{Aeq} em decibéis ponderados em A** (dose de ruído), o qual é obtido a partir do valor médio quadrático da pressão sonora com a ponderação A, referente a todo intervalo de medição.

A Tabela 2-4 registra as correções a serem adotadas, nos valores das sensações auditivas convencionais em relação à freqüência de 1000 Hz, para obter os valores correspondentes nas escalas A, B e C, para as demais freqüências.

TABELA 2-4 — Correções das sensações auditivas nas escalas A, B e C, em função da freqüência

Freqüência Hz	Escala A dbA	Escala B dbB	Escala C dbC
10	−70,4	−38,2	−14,3
25	−44,7	−20,4	−4,4
50	−30,2	−11,6	−1,3
100	−19,1	−5,6	−0,3
200	−10,9	−2,0	0,0
400	−4,8	−0,5	0,0
600	−1,8	−0,1	0,0
800	−0,8	0,0	0,0
1.000	0,0	0,0	0,0
2.000	+1,2	−0,1	−0,2
3.000	+1,2	−0,4	−0,5
4.000	+1,0	−0,7	−0,8
5.000	+0,5	−1,2	−1,3
10.000	−2,5	−4,3	−4,4
20.000	−9,3	−11,1	−11,2

Capítulo 3º

FENÔMENOS RELATIVOS À PROPAGAÇÃO DO SOM

3.1 IMPEDÂNCIA ACÚSTICA ESPECÍFICA

Dá-se o nome de impedância acústica específica Z à relação entre a pressão da onda sonora e a velocidade de vibração das partículas.

Para o caso de ondas planas longitudinais, sua expressão nos é dada por:

$$Z = \frac{p_{ef}}{c_x}$$

Como de acordo com a equação 2.6:

$$c_x = \frac{\Delta p}{c\rho}$$

Onde podemos fazer ainda, de acordo com a equação 2.8:

$$c = \sqrt{\frac{E}{\rho}}$$

Obtemos:

$$Z = c\rho = \sqrt{E\rho} \tag{3.1}$$

A impedância acústica específica, no sistema de unidades SI nos é dado em kg/m²s (rayl).

A Tabela 3-1 nos fornece os valores da impedância acústica específica de diversos meios para as condições normais de pressão e temperatura.

TABELA 3-1 — Impedância acústica específica dos diversos meios

Meio	ρ kg/m³	c m/s	Z kg/m²s
Ar	1,200	344	412,800
Anidrido carbônico	1,980	268	530,640
Vapor de água	0,600	419	251,400
Aço	7.800	4.990	38.922.000
Alumínio	2.710	5.105	13.834.550
Chumbo	11.300	1.322	14.938.600
Vidro sódico	2.500	5.000	12.500.000
Rocha	2.500	2.500	6.250.250
Mármore	2.600	3.800	9.880.000
Alvenaria	2.200	3.480	7.656.000
Tijolos	1.800	3.650	6.570.000
Pinho // a fibra	840	3.320	2.788.000
Pinho ⊥ a fibra	840	1.013	850.920
Cortiça	240	500	120.000
Borracha	920	54	49.680
Água do mar	1.030	1.504	1.549.120
Água distilada	1.000	1.461	1.461.000

3.2 REFLEXÃO E REFRAÇÃO DO SOM

Quando uma onda sonora encontra um obstáculo, a energia sonora incidente fica subdividida em duas partes, uma que se reflete, e outra que penetra no segundo meio e que, portanto, pode ser considerada como absorvida pelo mesmo.

Chamando de I_i a intensidade energética incidente, I_r a refletida e I_a a absorvida, naturalmente teremos:

$$I_i = I_r + I_a$$

Fenômenos Relativos à Propagação do Som

Ou ainda:

$$\frac{I_r}{I_i} + \frac{I_a}{I_i} = r + a = 1$$

Onde r e a tomam respectivamente os nomes de coeficiente de reflexão e de absorção do segundo meio em relação ao primeiro (ar).

Se o segundo meio é ilimitado, a energia absorvida pelo mesmo é totalmente transformada em calor, se ao contrário se trata de uma parede de espessura limitada, parte da energia se transmitirá pela mesma por refração, de modo que teríamos:

$$r + a' + t = 1$$

Nos ambientes fechados, as partículas oscilantes transmitem parte de sua energia cinética para as paredes, as quais entram em vibração como se fossem lâminas engastadas nas bordas.

Daí decorre que nos recintos limitados, toda energia que não é refletida, ao menos aparentemente é absorvida, de modo que o coeficiente de absorção que interessa é o enunciado inicialmente (a), o qual toma o nome de **coeficiente aparente de absorção** e apresenta um significado bastante diferente do coeficiente real de absorção da energia sonora que é transformada em calor.

Por outro lado, tratando-se de dois meios separados por uma superfície plana imaginária ou mesmo real praticamente sem resistência, de tal forma que a absorção de energia da onda sonora ao atravessá-la, de um meio para o outro, seja desprezável, poderíamos escrever:

$$a' = 0$$

e, portanto,

$$r + t = 1$$

Nessas condições, os coeficientes r e t manteriam uma relação muito simples com os valores das impedâncias acústicas específicas Z_1 e Z_2, dos dois meios em consideração.

Ou seja:

$$r = \frac{(Z_2 - Z_1)^2}{(Z_1 + Z_2)^2} \quad t = \frac{4 Z_1 Z_2}{(Z_1 + Z_2)^2} \tag{3.2}$$

Naturalmente, para $Z_2 = Z_1$, teríamos $r = 0$, e igualmente para Z_2 muito maior do que Z_1 teríamos $r \cong 1$. A Tabela 3-2 nos fornece os valores de r e t para diversos meios em relação ao ar, como se pode ver à página 32.

TABELA 3-2 — Coeficiente de transmissão e reflexão do som nos diversos meios, em relação ao ar

Meio	Z	r	t
Ar	412,80	0	1
Anidrido carbônico	530,64	0,01560	0.98440
Vapor de água	251,40	0,05900	0,94100
Aço	38.922.000	0,99998	0,00002
Alumínio	13.834.550	0,99988	0,00012
Chumbo	14.938.600	0,99989	0,00011
Vidro sódico	12.500.000	0,99987	0,00013
Rocha	6.250.250	0,99974	0,00026
Mármore	9.880.000	0,99983	0,00017
Alvenaria	7.656.000	0,99978	0,00022
Tijolos	6.570.000	0,99975	0,00025
Pinho // à fibra	2.788.000	0,99941	0,00059
Pinho |_ à fibra	850.920	0,99806	0,00194
Cortiça	120.000	0,98633	0,01367
Borracha	49.680	0,96731	0,03269
Água do mar	1.549.120	0,99894	0,00106
Água destilada	1.461.000	0,99887	0,00113

3.3 ABSORÇÃO DO SOM

Quando uma onda sonora incide sobre uma superfície sólida, parte da energia sonora é absorvida devido ao atrito e viscosidade do ar, transformando-se em calor.

Esta parcela de energia que, conforme vimos, caracteriza o coeficiente de absorção, depende essencialmente da natureza do material.

Materiais de grandes coeficientes de absorção são de estrutura porosa como tecidos, feltros, plásticos porosos, madeira aglomerada, etc.

Considerando que os poros do material absorvente sejam suficientemente pequenos, de tal forma que a resistência oferecida ao movimento vibratório da onda sonora, em vista da própria inércia do ar contido nos mesmos, seja desprezável e que, portanto, prevaleça a resistência devido à viscosidade no movimento das partículas em contato com as paredes dos poros, teoricamente podemos demonstrar que o coeficiente de absorção seria dado pela expressão:

$$a = 1 - \frac{2M^2 - 2M + 1}{2M^2 + 2M + 1} \tag{3.3}$$

$$M = \frac{2}{R}\sqrt{\frac{\mu}{2\pi f \rho}}$$

Onde: R é o raio do poro m
μ é o coeficiente de viscosidade do ar kg/ms
f é a freqüência Hz
ρ é a massa especifica kg/m^3

Esta avaliação teórica, entretanto, praticamente só se verifica para o caso em que toda a energia sonora que atravessa o material seja absorvida.

Assim, para espessuras de 10 cm a 14 cm de feltro (R = 0,1 mm), os valores achados e que foram comprovados experimentalmente estão registrados na Tabela 3.3.

TABELA 3-3 — Coeficiente de absorção do som no feltro, em função da freqüência	
Freqüência Hz	a
200	0,62
400	0,72
800	0,80
1.600	0,83
3.200	0,80
6.400	0,72

Como vemos, o valor máximo do coeficiente de absorção verifica-se para 1.600 Hz.

Caso o raio do poro fosse o dobro, este máximo verificar–se–ia para 400 Hz.

Vemos, portanto, que a dimensão dos poros do material absorvente é importante na determinação da característica de absorção do material, em função da freqüência.

Quando os materiais apresentam poros com raios da ordem do milímetro, intervém a inércia do ar contido nos mesmos, aumentando a porção de energia refletida e diminuindo a parte absorvida por viscosidade, razão pela qual os coeficientes de absorção obtidos experimentalmente são menores que os previstos teoricamente.

Além da dimensão dos poros, vários outros aspectos influenciam o valor do coeficiente de absorção dos diversos materiais, como sejam a freqüência, a espessura, o seu fracionamento, a pintura superficial do mesmo, a disposição adotada, etc.

FREQÜÊNCIA

A maior parte dos materiais absorventes do som que se encontram no mercado apresentam o grave inconveniente de ter um coeficiente de absorção bastante variável com a freqüência.

Ora, como a clareza e a inteligibilidade da palavra e o timbre dos diversos aparelhos musicais dependem das componentes sonoras de diversas freqüências, se estas forem desigualmente absorvidas, inevitavelmente ocorrerá uma indesejável distorção do som original. É o que acontece geralmente nas salas de espetáculos de grandes dimensões, quando o material de revestimento utilizado apresenta características de absorção pouco adequadas.

ESPESSURA

Medidas efetuadas em mantas de feltro têm demonstrado que o coeficiente de absorção cresce com a espessura, sobretudo para baixas freqüências.

Assim para 500 Hz, o coeficiente de absorção é praticamente proporcional à espessura do material, ao menos até a espessura de 100 mm.

Para freqüências superiores, o coeficiente de absorção cresce para espessuras de até 30 a 50 mm para, a seguir, manter-se praticamente constante.

Para os demais materiais absorventes, sobretudo aqueles à base de fibras madeira aglomerada, encontrados usualmente no comércio, o aumento do coeficiente de absorção com a espessura, não é tão sensível como acontece com o feltro.

FRACIONAMENTO

Quando o material absorvente usado como revestimento é subdividido em painéis, seja para efeito decorativo, seja para facilitar a sua aplicação, o coeficiente de absorção do conjunto fica aumentado.

Tal efeito se deve ao aumento da superfície de absorção exposta ao som além, eventualmente, dos interstícios criados com a sua separação que introduzem irregularidades de densidade e de elasticidade, que contribuem para uma maior absorção do som nos bordos.

PINTURA

A pintura da superfície exposta ao som de um material absorvente reduz a sua capacidade de absorção. Assim, o verniz ou o esmalte usado como acabamento sobre um material destinado à absorção do som, devido ao fechamento de seus poros, pode acarretar a redução de sua capacidade de absorção de até 30%.

Existem, entretanto, tintas solúveis em água à base de látex, que, por serem permeáveis, não influem de uma maneira sensível sobre a capacidade de absorção de boa parte dos materiais absorventes.

DISPOSIÇÃO

Já que, para as baixas freqüências, um grande coeficiente de absorção só se consegue com materiais absorventes de grandes espessuras, na prática tem-se recorrido ao estratagema do uso de painéis vibrantes (metálicos ou de madeira compensada) colocados afastados das paredes a revestir, com o material absorvente por trás.

Os painéis funcionam como ressonadores cuja freqüência fundamental será 344/2l (onde l é a largura do painel), intensificando a absorção do som destas freqüências que por refração atingem o intervalo situado entre o painel e a parede (veja item 6.12).

As Tabelas 3-4, 3-5 e 3-6 nos fornecem os valores dos coeficientes de absorção dos materiais mais ocorrentes na prática, em função da freqüência e, de suas principais características de fabricação e montagem.

TABELA 3-4 — Coeficiente de absorção do som pelas paredes, em função da freqüência

Material — paredes	130 Hz	250 Hz	500 Hz	1.000 Hz	2.000 Hz	4.000 Hz
Parede de tijolos	0,024	0,025	0,031	0,042	0,049	0,070
Parede de tijolos rebocada	0,012	0,013	0,017	0,023	0,023	0,025
Parede de tijolos rebocada e caiada	0,020	0,022	0,025	0,027	0,030	0,032
Parede de tijolo rebocada e pintada a óleo	0,018	0,020	0,023	0,023	0,024	0,025
Reboco de gesso sobre tijolo furado	0,013	0,015	0,020	0,028	0,040	0,050
Concreto	0,010	0,012	0,016	0,019	0,023	0,035
Concreto rebocado	0,009	0,011	0,014	0,016	0,017	0,018
Concreto reb. caiado	0,015	0,017	0,020	0,022	0,025	0,027
Lambri de madeira	0,080	0,070	0,060	0,060	0,060	0,060
Lambri de madeira c/verniz	0,050	0,040	0,030	0,030	0,030	0,030
Lambri de madeira pintado a óleo	0,040	0,035	0,030	0,030	0,030	0,030
Azulejos	0,010	0,011	0,012	0,015	0,018	
Mármore	0,010	0,010	0,010	0,012	0,015	
Chapas de fibra de madeira leve	0,012	0,018	0,032	0,055	0,600	
Eucatex tipo isolante	0,110	0,180	0,350	0,560	0,600	
Eucatex acústico tipo A	0,120	0,250	0,520	0,650	0,720	0,930
Lã de rocha apoiada à parede	0,280	0,400	0,500	0,560	0,460	0,380
Lã de rocha a 3 cm da parede	0,440	0,500	0,500	0,520	0,600	0,610
Estuque	0,035	0,032	0,030	0,029	0,028	
Revestimento de feltro de 2,5 cm	0,120	0,320	0,510	0,620	0,600	0,560
Revestimento de feltro de 5,0 cm			0,680			
Revestimento de feltro de 10,0 cm			0,790			
Lã min. feltrada 2,5 cm (18 kg/m^3)	0,260	0,450	0,610	0,720	0,750	
Cortina leve	0,060	0,080	0,100	0.100	0,100	
Cortina pesada	0,060	0,100	0,440	0,420	0,400	
Quadro a óleo			0,280			
Grelha de ventilação (50% abertura)	0,300	0,400	0,500	0,500	0,500	
Vidros	0,030	0,028	0,027	0,026	0,025	

Tabela 3-5 — Coeficiente de absorção do som pelos pisos, em função da freqüência

Material — pisos	130 Hz	250 Hz	500 Hz	1.000 Hz	2.000 Hz	4.000 Hz
Cimento	0,010	0,012	0,012	0,012	0,012	
Madeira	0,090	0,080	0,080	0,090	0,100	
Tacos	0,040	0,035	0,030	0,030	0,030	
Carpete	0,120	0,110	0,100	0,100	0,100	
Cerâmica	0,012	0,013	0,015	0,016		
Passadeira leve	0,080	0,080	0,080	0,040	0,030	
Passadeira pesada	0,120	0,140	0,180	0,210	0,280	
Metálico	0,002	0,002	0,002	0,003	0,003	
Superfície de água	0,008	0,008	0,013	0,015	0,020	0,025

Tabela 3-6 — Coeficiente de absorção do som pelo público, em função da freqüência

Público	130 Hz	250 Hz	500 Hz	1.000 Hz	2.000 Hz	4.000 Hz
De pé por m^2	0,780	0,890	0,950	0,990	1,000	1,000
Em galeria para pessoa	0,210	0,300	0,450	0,580	0,710	
Em cadeira para pessoa	0,280	0,300	0,360	0,440	0,360	
Em cadeira embutida para pessoa	0,300	0,320	0,380	0,460	0,380	
Em banco de igreja para pessoa		0,250	0,310	0,350	0,330	
Em poltrona de teatro para pessoa	0,340	0,360	0,420	0,500	0,420	
Homem adulto isolado	0,170		0,390		0,510	
Cadeira de madeira (cada)	0,140	0,150	0,170	0,180	0,200	
Cadeira estofada (cada)	0,410	0,500	0,560	0,580	0,540	0,460

Fenômenos Relativos à Propagação do Som

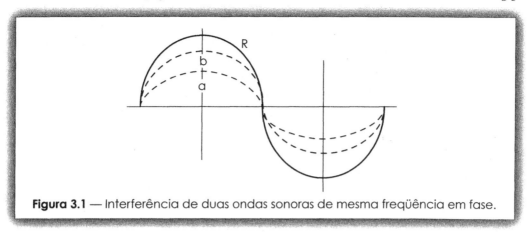

Figura 3.1 — Interferência de duas ondas sonoras de mesma freqüência em fase.

3.4 INTERFERÊNCIA

Dá-se o nome de interferência ao encontro de duas ondas sonoras.

Quando os dois sons são de mesma freqüência, a sua superposição dá origem a um movimento vibratório de freqüência igual, e amplitude que pode apresentar valores desde a diferença até a soma das amplitudes dos movimentos componentes, dependendo da fase relativa dos mesmos.

Se as ondas sonoras estão em fase, isto é, se as várias compressões e distensões se verificam nos mesmos pontos, o movimento resultante apresentará uma amplitude que será igual à soma das amplitudes dos movimentos componentes (Figura 3.1).

Se, ao contrário, as ondas sonoras apresentam oposição de fases, o movimento resultante terá uma amplitude que será igual à diferença das amplitudes dos movimentos componentes, podendo verificar-se, no caso da igualdade das amplitudes, a extinção do som (Figura 3.2).

Quando uma fonte sonora está próxima a uma parede refletora, haverá o encontro do som direto com o som refletido, como se este fosse proveniente de uma fonte que é a imagem da fonte do som direto.

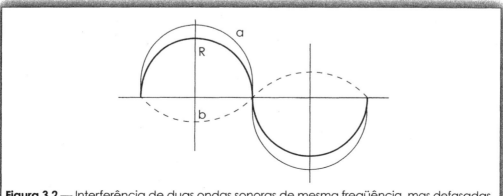

Figura 3.2 — Interferência de duas ondas sonoras de mesma freqüência, mas defasadas.

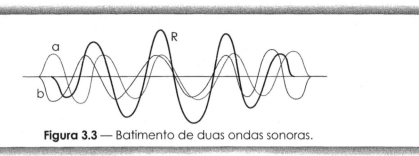

Figura 3.3 — Batimento de duas ondas sonoras.

Assim, considerando que um som puro de onda sonora plana incida normalmente à uma parede perfeitamente refletora, o máximo de intensidade acústica se verificará a distâncias da parede iguais aos múltiplos de seu meio comprimento de onda, enquanto nenhum som será audível a distâncias da parede iguais aos múltiplos ímpares de seu quarto de comprimento de onda.

As regiões de máximos e mínimos são ditas de nós e antinós respectivamente.

Se a parede não é perfeitamente refletora, a onda refletida não apresenta a mesma intensidade da onda direta, e a extinção do som nos antinós é apenas parcial.

Os sons em um recinto fechado, portanto, resultam da composição de vários movimentos vibratórios refletidos com o movimento direto da fonte e, a sua amplitude variará de ponto para ponto.

Evidentemente, tal fato apresenta grande importância na acústica dos ambientes.

No caso de sons complexos, haverá pontos em que predominará uma determinada freqüência, enquanto noutros a mesma poderá ser bastante atenuada, de modo que o som sofrerá uma distorção de seu timbre.

Afortunadamente o mecanismo natural da audição reduz tal distorção, seja pela existência de dois ouvidos e de sua capacidade integradora, seja pelo fato de que os sons variam continuamente de freqüência e de fase, ou seja, ainda pelo fato de que o som apresenta caracteres absolutamente transitórios.

Todavia, para uma perfeita reprodução dos sons, é importante que os ambientes fechados não apresentem excessivas reflexões diretas.

3.5 BATIMENTO

Quando dois sons cujas freqüências pouco diferem se encontram, o resultado é um movimento vibratório, cuja amplitude apresenta uma variação periódica cuja freqüência é igual à diferença entre as freqüências dos sons componentes (Figura 3.3).

Tal fenômeno toma o nome de batimento, o qual se observa facilmente quando dois instrumentos musicais, não bem afinados, emitem simultaneamente um mesmo som.

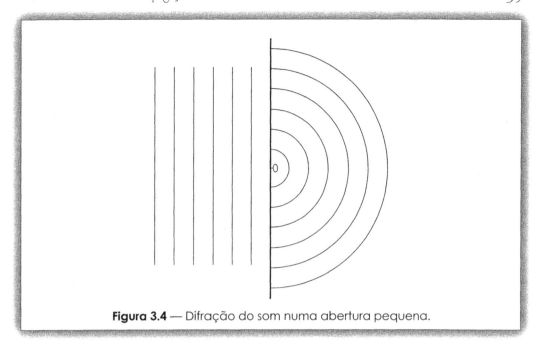

Figura 3.4 — Difração do som numa abertura pequena.

3.6 DIFRAÇÃO DO SOM

Quando um obstáculo encontrado pela onda sonora não é de grande dimensão em relação ao seu comprimento de onda, os caminhos seguidos pelos raios sonoros não podem ser definidos, tendo-se como base as simples leis da reflexão da luz.

Nestes casos, intervém um fenômeno ligado à natureza ondulatória do som, que toma o nome de difração.

A experiência tem demonstrado que um obstáculo de pequenas dimensões não altera de modo sensível a qualidade do som, pois a onda sonora contorna o obstáculo como se fosse uma onda de água que encontra um escolho.

Consideremos, por exemplo, a passagem do som por uma abertura de pequenas dimensões, em relação ao comprimento da onda sonora (Figura 3.4).

A pequena porção da superfície da onda, que passa pela abertura, se comporta como se a abertura fosse uma nova fonte, o mesmo se verificando para todos os casos semelhantes, de acordo com o princípio de Huyghens, segundo o qual todos os pontos de uma superfície da onda sonora podem ser considerados como fontes de vibrações da mesma.

No caso de pequenas aberturas, como pequenas janelas, vazios de ventilação, portas e janelas imperfeitamente fechadas, etc., o som se propaga uniformemente em todas as direções, a partir do outro lado da abertura.

Já no caso de grandes aberturas, como a de um palco, a conservação do alinhamento da superfície da onda sonora permanece e, somente nos bordos, aparece uma difração sensível, com o encurvamento lateral da superfície da onda (Figura 3.5).

Nestas condições, em conseqüência da maior divergência dos raios sonoros, nota-se nitidamente que a intensidade do som decresce mais rapidamente com o distanciamento da fonte, ao nos deslocarmos lateralmente em relação à abertura.

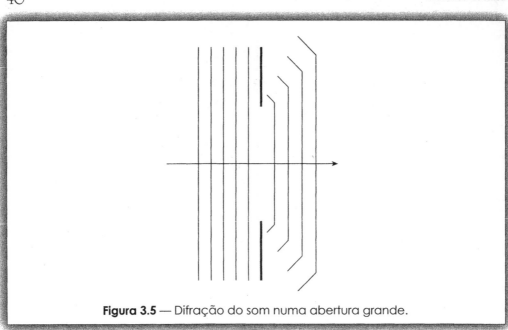

Figura 3.5 — Difração do som numa abertura grande.

Tal redução varia com a freqüência do som, de modo que o timbre de um som complexo, neste caso poderá ser afetado.

É o que acontece com os sons emitidos por alto-falantes, quando os de maior freqüência se ouvem com bastante mais intensidade na direção do eixo do cone (Figura 3.6).

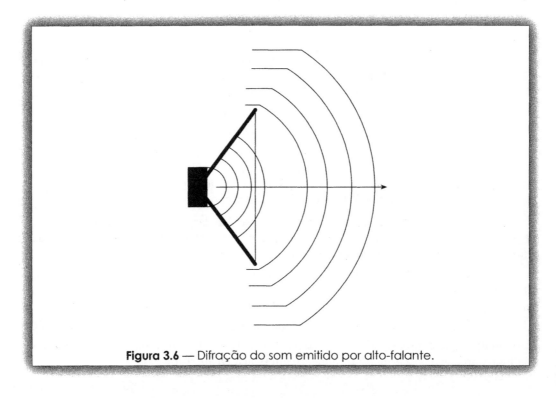

Figura 3.6 — Difração do som emitido por alto-falante.

Assim para um alto-falante de 30 cm de diâmetro, são as freqüências superiores a 1.100 Hz as menos prejudicadas na sua amplificação pelo fenômeno da difração.

Os efeitos da difração que acompanham a reflexão do som são também de grande importância, na qualidade do som que se propaga em um ambiente fechado.

Realmente, a difração de uma onda sonora que incide sobre um obstáculo é semelhante àquela que se verifica numa abertura, desde que se tenha em mente que as ondas refletidas (com difração) se propagam em sentido inverso ao das incidentes.

Um pequeno obstáculo produz, portanto, uma difusão do som, enquanto uma parede de grande superfície produz apenas pequenas irregularidades na reflexão do mesmo.

3.7 RESSONÂNCIA

Um corpo pode entrar em vibração quando recebe do meio circundante vibrações elásticas, de modo que qualquer parede ou estrutura de uma construção pode, sob a ação de uma onda sonora, oscilar.

Diz-se, então, que o corpo entrou em vibração forçada.

Tais vibrações tomam, entretanto, uma amplitude apreciável, somente para a freqüência própria de vibração do corpo, o que toma o nome de ressonância.

O ar contido em um recipiente pode, assim, entrar em ressonância, dada as propriedades elásticas do gás.

Tal é o caso de um vaso de grandes dimensões, um nicho, uma alcova, um palco, uma galeria, etc. que apresentam todos sua freqüência de ressonância.

Recipientes de volume V, providos de uma abertura de seção S que permitem a comunicação do ar com seu interior, constituem-se ressonadores, cuja freqüência de ressonância f_0 nos é dada por (Figura 3.7):

$$f_0 = \frac{c}{2\pi}\sqrt{\frac{S}{Vl}}$$

Onde c é a velocidade de propagação do som no gás contido no recipiente.

A freqüência de ressonância de uma câmara retangular, por sua vez, nos é dada pela fórmula geral:

$$f_0 = \frac{c}{2}\sqrt{\left(\frac{p}{1}\right)^2+\left(\frac{q}{b}\right)^2+\left(\frac{r}{h}\right)^2}$$

Onde l, b e h são as dimensões da câmara retangular e, p, q e r coeficientes de valores 0, 1, 2, 3, etc. conforme os vários modos pelos quais o gás pode entrar em vibração.

Quando as vibrações são paralelas ao comprimento da câmara $q = r = 0$, e a freqüência dita fundamental de ressonância será:

$$f_0 = \frac{cp}{2l}$$

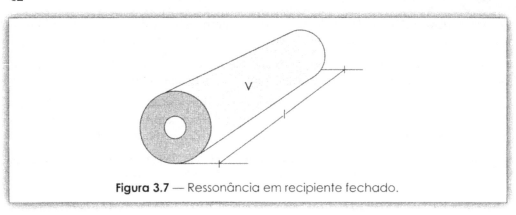

Figura 3.7 — Ressonância em recipiente fechado.

Expressão que pode assumir diversos valores de freqüências, conforme p, sendo entretanto as dos sons mais intensos, as correspondentes aos menores valores tanto de p como de q e r.

As aplicações da ressonância na acústica dos ambientes consiste no reforço de algumas ondas sonoras componentes da voz e da música, por meio de ressonadores (painéis vibrantes, palcos, recipientes, etc.).

Os gregos e os romanos já usavam grandes vasos, com a finalidade de reforçar por ressonância o som em seus auditórios.

Entretanto, é importante salientar que o fenômeno da ressonância dá origem à formação de ondas estacionárias que podem vir a prejudicar a acústica dos ambientes.

3.8 DISTORÇÃO

Dá-se o nome de distorção à modificação da forma da onda sonora de um som complexo (timbre), pela alteração desigual das amplitudes dos componentes das diversas freqüências que fazem parte do mesmo.

Todos os fenômenos relacionados com a propagação do som, analisados anteriormente, conforme vimos, são causa de distorções mais ou menos graves dos sons musicais e da palavra, podendo não raramente interferir na sua beleza ou inteligibilidade.

Alem disso, é comum nos processos eletrônicos de gravação, amplificação, transmissão e reprodução do som o aparecimento de deformações que alteram a fidelidade do som original.

O próprio mecanismo da audição, devido às suas limitações com relação a determinadas freqüências, contribui para que a percepção do som originalmente emitido pela fonte sonora seja distorcida.

Assim, para o caso de sons complexos, havendo muitas harmônicas nota-se que, quando a intensidade é baixa, a fundamental pode estar fora do limite de audibilidade, enquanto as harmônicas superiores estão incluídas dentro desse limite, dando origem a uma grande distorção que torna até mesmo difícil a compreensão da palavra.

Esta é a razão pela qual nos sons orquestrais as notas baixas para não apresentarem distorções, devem ser de forte intensidade, enquanto as mais altas, com as de violino, podem ser ouvidas sem distorção ainda que de fraca intensidade.

Analogamente, pelo acréscimo de intensidade de um som composto, pode ser introduzida, na zona de audição, alguma harmônica que inicialmente era inaudível, produzindo-se igualmente uma distorção por inclusão de harmônica.

Fenômeno oposto ocorre quando existe excesso de intensidade na vizinhança do limite superior de audibilidade.

Atualmente, grande parte das distorções sofridas pelo som, devido a conhecimentos técnicos mais aprofundados, podem ser evitadas ou até mesmo corrigidas com um rebalanceamento eletrônico de suas freqüências componentes.

É o que acontece com os modernos equipamentos de gravação, amplificação, transmissão e reprodução do som, que usam o processo digital e o balanceamento das freqüências, para obter uma alta fidelidade na percepção do som final.

3.9 ECO

O eco é o fenômeno pelo qual o som refletido ocasiona uma outra sensação auditiva em nosso ouvido, independente da ocasionada pelo som direto.

Trata-se da repetição do som original, o qual ocorre quando as sensações auditivas ocasionadas pelo som direto e o refletido, se verificam com um intervalo de tempo superior a 1/15 de segundo.

Esse fenômeno deve-se ao fato de que de que o órgão auditivo humano tem capacidade integradora, dando uma sensação auditiva definida para os sons que atingem o ouvido durante o intervalo de tempo de 1/15 de segundo.

O eco pode ocorrer quando o caminho percorrido pela onda sonora direta e aquela refletida diferem de mais de 23 m (> 1/15 de segundo).

É o que acontece quando gritamos a uma distância maior do que 12 m de um obstáculo ou parede grandemente refletora.

O eco pode ocasionar sérios problemas na propagação do som, em ambientes de grandes dimensões, caso não sejam tomadas providências para a sua correção a fim de atender finalidades específicas como as de uma boa audição.

3.10 REVERBERAÇÃO

Se considerarmos um orador completamente isolado no espaço, emitindo um som médio de intensidade de 60 dB (10^{-4} $\mu W/cm^2$), podemos verificar teoricamente que a uma distância de apenas 11 m do mesmo, sua voz já seria inaudível.

Com efeito, considerando uma superfície de 12 cm^2 para a fonte sonora (boca do orador), a energia sonora emitida pelo mesmo seria 12×10^{-4} μW.

Considerando, por outro lado, que o som se propague uniformemente em todas as direções, sem perdas, a uma distância de 11 m sua intensidade seria:

$$\frac{12 \times 10^{-4}\ \mu W}{4\pi(1.100\ \text{cm})^2} = 0,79 \times 10^{-12}\ \mu W/cm^2$$

intensidade esta inferior à da linha de audibilidade que é de 10^{-10} $\mu W/cm^2$.

A experiência quotidiana mostra, entretanto, que podemos ouvir a distâncias bastante superiores a esta. A explicação desse fenômeno está na capacidade integradora do ouvido, segundo a qual a sensação auditiva é causada pela soma de todos os impulsos sonoros que atingem o mesmo, por reflexão ou mesmo vindos de diversas fontes, durante um intervalo de tempo de 1/15 de segundo.

Podemos, portanto, concluir que, todos os raios sonoros que partindo da fonte atingem o ouvido, num intervalo de tempo de 1/15 de segundo, produzem uma sensação sonora distinta, enquanto os demais produzem uma sensação que é como o prolongamento da principal, de intensidade decrescente, que toma o nome de resíduo.

A duração desse fenômeno físico é indefinida, entretanto, do ponto de vista da audição, quando a intensidade energética do som residual torna-se inferior à da linha limite de audibilidade, pode-se considerar o resíduo como extinto.

A persistência do som residual no ambiente, depois que a fonte tenha cessado de emiti-lo, toma o nome de reverberação ou circunsonância.

A reverberação difere do eco, pois enquanto a reverberação caracteriza uma permanência do som no ambiente, o eco é caracterizado pela repetição distinta do mesmo.

Tal persistência, devido às reflexões sucessivas do som pelas paredes, tem uma grande importância na determinação da qualidade acústica de um ambiente.

Uma reverberação excessiva ocasiona confusão e ininteligibilidade, enquanto uma reverberação escassa torna o ambiente surdo, e o nível sonoro decresce muito rapidamente ao afastar-nos da fonte.

Há, portanto, necessidade de definir um parâmetro que caracterize a qualidade acústica de um ambiente, em função da reverberação.

Tal parâmetro foi definido por W. C. Sabine e tomou o nome de tempo convencional de reverberação.

O tempo convencional de reverberação de um ambiente é definido como o **tempo necessário, para que a intensidade energética de um som puro de 512 Hz se reduza a um milionésimo de seu valor inicial (60 dB), a partir do momento no qual a fonte cessa de emiti-lo**.

Isto porque a intensidade energética média dos sons musicais e da palavra é cerca de um milhão de vezes (60 dB) superior ao da linha limite de audibilidade (veja item 2.5.2).

ACÚSTICA DOS AMBIENTES

4º Capítulo

4.1 GENERALIDADES

O estudo da propagação do som nos espaços fechados, sobretudo quando se projeta uma sala de espetáculos, apresenta grande interesse, com o objetivo de se obter uma boa acústica.

Esses estudos visam estabelecer condições geométricas e dinâmicas aceitáveis para as ondas sonoras.

Essas condições dificilmente podem ser determinadas de uma maneira exata, de modo que, na maior parte das vezes, nos limitamos a fazer hipóteses simples que nem sempre se comprovam na prática.

Assim, no estudo geométrico da onda sonora, supomos uma reflexão uniforme dos raios sonoros que incidem sobre as paredes que limitam o ambiente em consideração, enquanto no estudo dinâmico do regime sonoro, consideramos uma perfeita difusão da energia sonora.

Mesmo com essas simplificações, a prática tem mostrado que os resultados obtidos nas principais propriedades acústicas das salas, com relação ao regime sonoro produzido nas mesmas, são plenamente satisfatórios.

Dessas propriedades, é importante salientar como indispensáveis, as seguintes:

- Deve ser respeitada a distribuição de energia, segundo as componentes do som original.
- A distribuição da energia sonora global pelo recinto deve ser a mais uniforme possível, não devendo existir zonas de excessivas concentrações, zonas de silêncio nem fenômenos de eco.
- O amortecimento das ondas refletidas nas paredes não deve ser inferior a um certo limite, que depende da natureza do som em questão e das características da sala (tempo de reverberação), a fim de que as emissões sonoras simples sejam claramente percebidas.

4.2 ESTUDO GEOMÉTRICO DA ONDA SONORA

O estudo geométrico da onda sonora, em um espaço fechado, é bastante simplificado, considerando-se uma única fonte sonora localizada em um ou no máximo alguns pontos escolhidos no palco ou cátedra, construindo-se os raios refletidos das paredes laterais e do teto (limitando-se a primeira reflexão) e admitindo-se uma reflexão regular (ângulo de incidência igual ao de reflexão).

Compreende-se de imediato que esse proceder é bastante grosseiro em sua simplicidade, pois as fontes sonoras, na maior parte dos casos, são distribuídas (orquestra) e deslocáveis, enquanto os raios sonoros, além de sofrerem difrações, sofrem antes de se extinguirem dezenas de reflexões. Assim mesmo o estudo acima pode conduzir a bons resultados, desde que se tenha sempre em mente as limitações das simplificações adotadas.

A orientação a seguir deverá ser:

- Determinação do traçado das paredes laterais e, sobretudo do teto, de modo a fazer com que as ondas refletidas (primeira reflexão) se distribuam ponderadamente pelo auditório (em maior quantidade para as zonas mais afastadas da fonte).

Sem deixar de levar em conta que o comportamento dos refletores acústicos para as diversas freqüências varia, o que pode dar origem a distorções que prejudicam a clareza da audição.

- Determinação de zonas de excessiva concentração de ondas ou de interferência, assim como de ecos, facilmente identificáveis nas grandes salas. Assim, quando as reflexões conduzem a superfícies curvas, que apresentam concavidade para o recinto, podem produzir-se concentrações indesejadas ou mesmo eco.

Neste caso, uma verificação simples pode ser feita analiticamente, por meio da equação dos focos conjugados dos espelhos côncavos, estudada na óptica (Figura 4.1):

$$\frac{1}{x} + \frac{1}{y} = \frac{2}{R}$$

Donde:

$$y = \frac{xR}{2x - R} \tag{4.1}$$

Acústica dos Ambientes 47

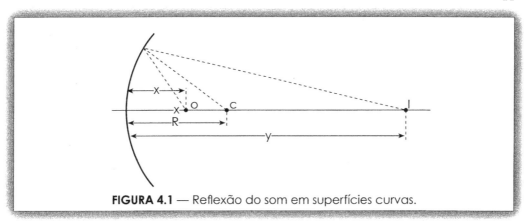

FIGURA 4.1 — Reflexão do som em superfícies curvas.

Por exemplo, numa superfície cilíndrica, quando a fonte se situa na proximidade do eixo, se dão zonas de concentração no próprio eixo ($R = x = y$).

Donde a necessidade de manter este eixo o mais longe possível da fonte e da zona de audição, recorrendo a superfícies de raios de curvatura diferentes das dimensões do ambiente considerado.

Por outro lado, se algum ponto da sala pode ser atingido pelo som direto e o refletido, com uma diferença de caminhos muito grande, a audição será confusa.

Assim, se a diferença entre os percursos é de 15 m, o som refletido chega com um retardo de quase 0,05 s em relação ao som direto, retardo este mais do que suficiente para criar uma audição confusa seja da música ou da palavra.

Se as ondas refletidas são concentradas por efeito de superfícies côncavas, a perturbação da audição é ainda maior.

Assim são de evitar, seja pela concentração, seja pelo retardo entre as ondas diretas e as refletidas, que ocasionam as formas da Figura 4.2 da página seguinte.

Caso o raio de curvatura do teto fosse o dobro do pé-direito, seriam evitadas ao menos as concentrações danosas e se obteria uma boa difusão do som refletido por toda a sala.

Junto às orquestras, devem ser evitadas concentrações sonoras sobre os executores, assim como reflexões de paredes situadas a mais do que 5 m, embora a sensação de debilidade do próprio som executado deva ser contornada, adotando-se painéis refletores não muito distantes dos músicos.

Quando não for possível por razões construtivas ou arquitetônicas, deve-se evitar superfícies, curvas prejudiciais, eliminar seus inconvenientes, recobrindo tais superfícies com materiais absorventes, ou ainda interrompendo sua continuidade com colunas ou outras superfícies irregulares que apresentem dimensões da mesma ordem que o maior comprimento de onda sonora a ser emitida no ambiente.

No caso de salas muito grandes, devem ser evitados os grandes retardos das ondas refletidas em relação às ondas diretas, dispondo superfícies refletoras nas imediações do palco direcionadas para a platéia, e reduzindo com uma distribuição oportuna de materiais absorventes o coeficiente de reflexão das paredes distantes da fonte sonora.

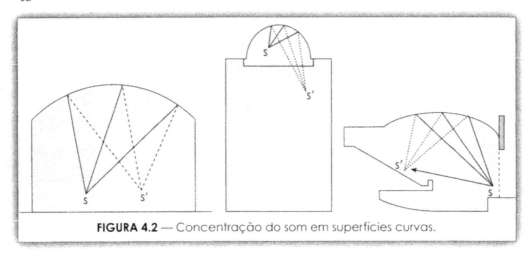

FIGURA 4.2 — Concentração do som em superfícies curvas.

Para o caso de recintos de formas regulares (paralelepípedo), limitados por paredes muito refletoras (corredores, circulações, etc.), deve ser considerada a possibilidade da formação de ondas estacionárias devido ao fenômeno de ressonância.

A formação de tais ondas altera grandemente a distribuição espacial da energia sonora e, produz além disso, a flutuação da energia ao variar a freqüência do som, em vista das varias freqüências serem diferentemente excitadas pelo fenômeno da ressonância.

Para atenuar a formação de ondas estacionárias, convém tornar irregulares as paredes dos locais considerados, eliminando seu paralelismo, recorrendo a materiais absorventes ou mesmo utilizando objetos de dimensões próximas à do comprimento de onda dos sons mais freqüentes, a fim de aumentar o efeito de difração e difusão da energia sonora.

Em resumo, quanto aos defeitos que podem decorrer de uma geometria inadequada da onda sonora nos ambientes fechados, as recomendações de tratamento seriam:

- Dispor superfícies refletoras na proximidade das fontes e com orientação tal que as ondas refletidas atinjam os ouvintes, com intervalo de tempo reduzido em relação às diretas.

- Modificar obrigatoriamente as superfícies que possam criar ecos, reorientando-as, difundindo o som que sobre elas incidem ou tornando-as inoperantes pelo recobrimento das mesmas com material absorvente.

- Evitar superfícies curvas concentradoras ou, em último caso, torná-las inoperantes, seja pelo uso de materiais absorventes, seja pelo uso de materiais difusores.

Tendo em vista o que ficou exposto, pode-se afirmar que a planta mais adequada para uma sala de espetáculos é a trapezoidal.

A clássica forma de ferradura é recomendável, desde que as paredes com curvatura pronunciada sejam bastante absorventes, o que é na maioria dos casos naturalmente obtido pela concentração junto às mesmas de grande parte do público (galerias e camarotes).

Para a seção transversal, a forma fundamental é a retangular, com paredes laterais verticais ou pouco inclinadas, de modo a refletir as ondas sonoras em grande parte sobre a platéia.

Para a seção longitudinal, pode-se adotar a mesma forma, desde que as dimensões da sala não sejam muito grandes, o que obrigaria a um estudo detalhado das ondas refletidas, com alteração do plano do forro, a fim de se obter em todos os pontos do auditório a mesma densidade de energia.

Petzold sugere para isso dividir, tanto na planta como na seção longitudinal, as paredes e o forro em elementos retilíneos quantos forem os necessários para uma boa distribuição do som por reflexão simples, de modo que às zonas mais afastadas corresponda uma área refletora maior.

A Figura 4.3, de acordo com esta orientação, nos mostra a seção longitudinal de um auditório com 8 painéis refletores no forro, onde os de números 1 a 6 servem praticamente todo o auditório, sem grandes diferenças de percurso entre os raios diretos e os refletidos e, com ênfase nas zonas mais afastadas do palco, enquanto os painéis 7 e 8 servem apenas a parte posterior da platéia.

A montagem pode ser iniciada pelo painel de número 6, que coincide com o forro normal da estrutura, determinando-se o seu foco imagem F^{VI}, que permite a limitação de sua zona de atuação.

Seguem-se as montagens dos demais painéis, sempre tendo em mente a orientação dada inicialmente, fazendo-se a partir do painel anterior $5F = 5F^{V}$, e assim por diante.

Naturalmente os painéis poderão ser adaptados, modificando-se suas dimensões ou deslocando-os paralelamente, seja por exigências construtivas ou por vantagens arquitetônicas.

Quanto à platéia, todos os ouvintes devem estar levemente elevados em relação aos precedentes, sendo aconselhável manter para cada fileira de poltronas uma sobrelevação de 8 cm a 12 cm em relação à anterior.

Segundo Petzold, essa elevação pode ser melhor definida pela expressão (Figura 4.3):

$$h_i \text{ cm} = 12 \text{ cm} + h_{i-1} - \frac{r(H - h_{i-1})}{S + (n-1)r} \qquad (4.2)$$

Onde: H - é a altura em cm da fonte sobre o plano de referência (pavimento inferior).
r - é a distância horizontal entre as fileiras.
S - é a distância horizontal da fonte à primeira fileira.
n - é o número total de fileiras
h_i - é a sobrelevação da fileira em relação ao plano de referência.

Como pode-se notar na expressão 4.2, quando os níveis das poltronas ultrapassam a horizontal que passa pela fonte F ($h_{i-1} > H$), as sobrelevações se tornam superiores a 12 cm, isto é $h_i - h_{i-1} > 12$ cm.

As Figuras 4.4 e 4.5 a seguir nos mostram o corte longitudinal e uma perspectiva da solução, segundo o critério de montagem apresentado, adotada com grande sucesso já no ano de 1950 no projeto acústico do salão de atos da UFRS.

Ainda de acordo com essa orientação, o professor Selério deu expressão analítica para a forma mais aconselhável de um auditório, considerando a energia sonora incidente por unidade de superfície como constante.

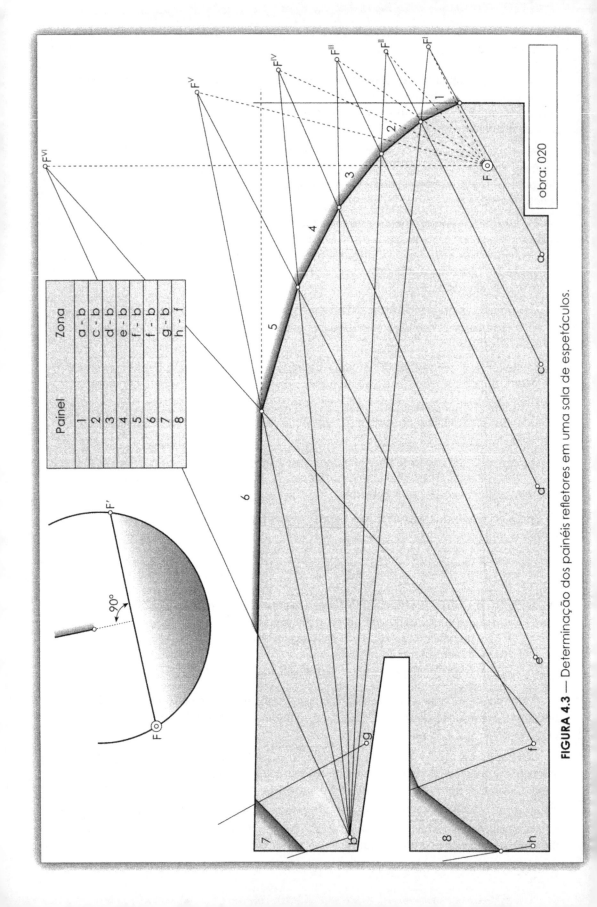

FIGURA 4.3 — Determinação dos painéis refletores em uma sala de espetáculos.

Acústica dos Ambientes

FIGURA 4.4 — Sobrelevações das fileiras de poltronas em uma sala de espetáculos.

Assim, considerando uma fonte F que irradia uniformemente em todas as direções uma intensidade energética I, podemos dizer que a potência sonora incidente por unidade de superfície, de acordo com a Figura 4.5, será:

$$I_S = \frac{I}{r^2} \cos \alpha$$

De modo que, se fizermos I_S = constante, teremos:

$$\frac{I_S}{I} = \frac{\cos \alpha}{r^2} = \text{constante}$$

E em coordenadas polares, de acordo com a Figura 4.8, na qual fizemos $\alpha = 2\varphi$, obtemos:

$$r = a\sqrt{\cos \alpha} = a\sqrt{\cos 2\varphi}$$

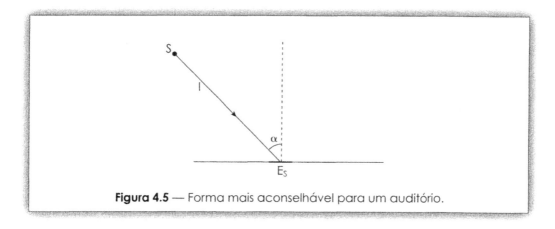

Figura 4.5 — Forma mais aconselhável para um auditório.

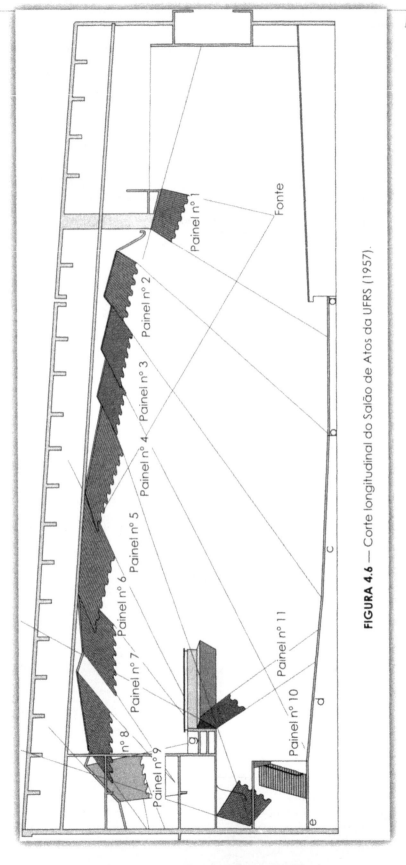

FIGURA 4.6 — Corte longitudinal do Salão de Atos da UFRS (1957).

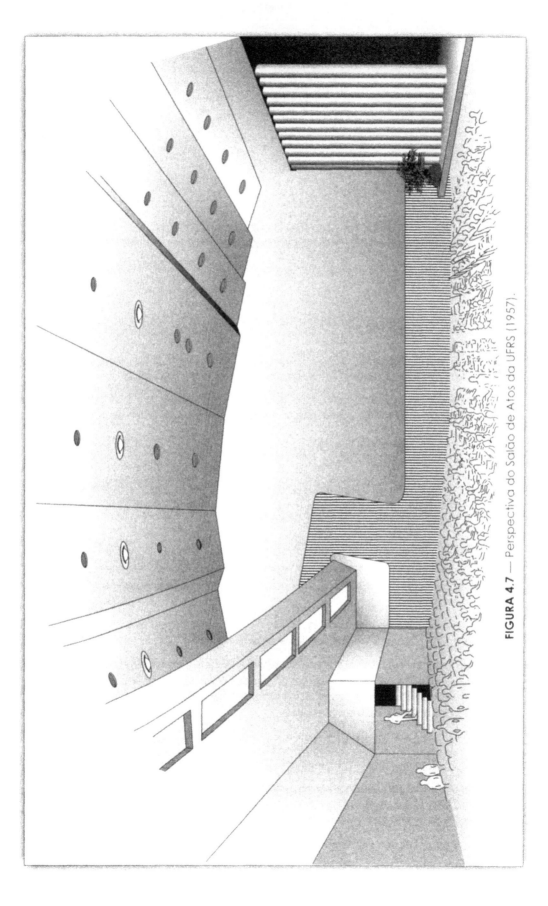

FIGURA 4.7 — Perspectiva do Salão de Atos da UFRS (1957).

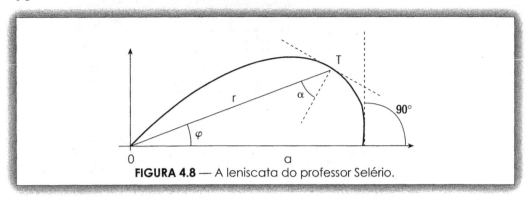

FIGURA 4.8 — A leniscata do professor Selério.

Que é a equação em coordenadas polares da figura geométrica designada de leniscata.

Assim, de acordo com a hipótese adotada inicialmente, caso girarmos a curva traçada na Figura 4.8 em torno do eixo OT, obteremos uma superfície isofônica.

Nestas condições, a distribuição do som sobre as paredes e teto será perfeitamente uniforme e haverá uma maior possibilidade de serem evitados defeitos de concentrações ou de ecos.

4.3 ESTUDO DINÂMICO DA ONDA SONORA

4.3.1 MECANISMO DA REVERBERAÇÃO

O estudo da dinâmica da onda sonora nos recintos fechados diz respeito à permanência do som no ambiente considerado, depois de cessada a sua emissão, ou seja, a reverberação citada no item 3.10.

Assim, quando num determinado ambiente é emitido um som, o mesmo se propaga em todas as direções com uma velocidade da ordem de 340 m/s.

Se considerarmos que as paredes desse recinto distam umas das outras em média de 5 m, o som se refletirá, difratará e se comporá com o som original, até estabelecer-se o equilíbrio da energia sonora emitida e a absorvida, enquanto podemos dizer que o número de reflexões por unidade de tempo será:

$$\frac{340}{5\,\text{m}} = 68 \text{ reflexões por segundo}$$

Quando a emissão do som é interrompida bruscamente, a intensidade do mesmo decresce rapidamente com uma velocidade que depende das características de absorção do ambiente em consideração.

Essa absorção, por sua vez, depende das dimensões, forma e natureza das paredes.

Simplesmente, podemos dizer que o tempo necessário para que a intensidade do som se reduza de um certo número de vezes depende do número de reflexões efetuadas na unidade de tempo e da parcela de energia sonora que é absorvida pela parede em cada reflexão.

Assim, se considerarmos para as paredes que limitam o ambiente um coeficiente de absorção de 0,02, a energia restante após uma reflexão será 0,98 da inicial, depois da segunda $0,98^2$, depois da enegésima $0,98^n$.

Considerando que, de acordo com o conceito de tempo de reverberação convencional, já definido no item 3.10, a intensidade do som deve ser reduzida à milionésima parte, podemos calcular o número de reflexões necessárias para tal, fazendo:

$$0,98^n = 0,000001$$

Donde:

$$n = 684$$

E, sabendo-se que no recinto em consideração se verificam 68 reflexões por segundo, o tempo de reverberação será:

$$T = \frac{684}{68} = 10 \text{ segundos}$$

Do exposto, depreende-se que um grande ambiente com paredes pouco absorventes apresenta uma reverberação elevada, enquanto um ambiente pequeno, com paredes bastante absorventes, apresenta uma pequena reverberação.

Assim, na catedral metropolitana de Porto Alegre que apresenta grandes naves, foi determinado para um som de freqüência de 512 Hz um tempo de reverberação superior a 15s (equipamentos Bruel & Kjaer – Oscilador de batimento com intermodulador, espectrômetro de audiofreqüências e registrador de níveis sonoros).

Em contrapartida, é possível construir-se câmaras com superfícies limítrofes revestidas de material de coeficiente de absorção próximos de 1 (dando-se aos mesmos uma forma tal, que a sua superfície em contato com o ar fique grandemente aumentada), cujo tempo de reverberação é praticamente zero (câmaras anecóides).

Por outro lado, inúmeras experiências permitiram estabelecer varias propriedades do fenômeno da reverberação.

Assim:
- O tempo de reverberação de um ambiente é praticamente é igual para todos os pontos do mesmo (som perfeitamente difundido).
- O tempo de reverberação de um ambiente independe da posição da fonte sonora.
- O efeito de uma superfície absorvente sobre o tempo de reverberação de um determinado ambiente é independente da localização da mesma.

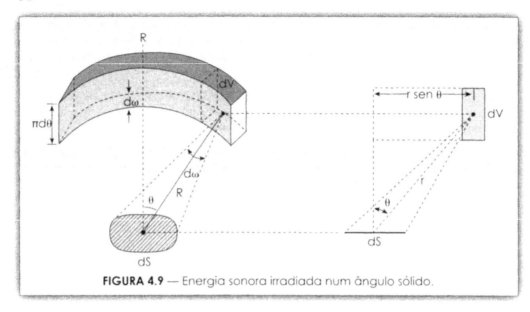

FIGURA 4.9 — Energia sonora irradiada num ângulo sólido.

4.3.2 TEORIA DA REVERBERAÇÃO

Para calcular a energia total incidente sobre uma superfície, suponhamos que a densidade de energia, isto é, a energia por unidade de volume, seja U.

Conforme a Figura 4.9, considerando um anel de volume elementar dV colocado sobre um elemento de superfície dS, podemos escrever:

A energia contida em dV será $U\,dV$.

Energia esta, irradiada em todas direções, ou seja, o ângulo sólido 4π.

Supondo uma perfeita difusão, a parcela correspondente ao ângulo sólido $d\varpi$, que atinge a superfície elementar dS, nos será dada por:

$$ddE = UdV\frac{d\varpi}{4\pi}$$

onde

$$d\varpi = \frac{dS\cos\theta}{r^2}$$

De modo que

$$ddE = UdV\frac{dS\cos\theta}{4\pi\,r^2}$$

E como para todo anel de altura $rd\theta$ e profundidade dr (Figura 3.10):

$$dV = 2\pi r\,\text{sen}\,\theta\,r\,d\theta\,dr$$

Podemos finalmente obter:

$$ddE = \frac{U}{2}\text{sen}\theta\cos\theta\,d\theta\,dr\,dS$$

Acústica dos Ambientes

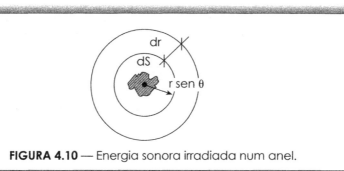

FIGURA 4.10 — Energia sonora irradiada num anel.

A energia total incidente por unidade de tempo, ou seja a potência, será obtida pela integração da equação acima, com relação a r entre os limites de 0 a c (velocidade de propagação do som) e em relação a θ entre os limites de 0 a $\pi/2$.

Assim:

$$ddW = \frac{U}{2} dS \int_0^c dr \int_0^{\pi/2} \sen\theta \cos\theta\, d\theta = \frac{U}{2} dS\, c \left[\frac{\sen\theta^2}{2}\right]_0^{\pi/2}$$

E a energia incidente por unidade de tempo e unidade de superfície nos será dada por:

$$\frac{dW}{dS} = \frac{cU}{4}$$

Ou ainda para uma difusão perfeita:

$$1 = \frac{W}{S} = \frac{cU}{4} \qquad (4.3)$$

4.3.3 CÁLCULO DO TEMPO DE REVERBERAÇÃO

A primeira fórmula para o cálculo do tempo convencional de reverberação foi estabelecida por W. C. Sabine, a qual, conforme experiências mais recentes, só é aplicável dentro de limites bastante restritos.

Uma fórmula de caráter mais geral devida à pesquisa simultânea de diversos autores, que tomou o nome de fórmula de Eyring, tem dado resultados mais ou menos equivalentes aos experimentais.

O tempo convencional de reverberação de um ambiente, que caracteriza perfeitamente o problema dinâmico da onda sonora, foi definido por Sabine, como aquele necessário para que a intensidade energética do som residual, atinja um milionésimo de seu valor de regime inicial, conforme já tivemos oportunidade de citar no item 3-10.

Esse tempo é calculado, admitindo-se uma perfeita difusão do som, com uma distribuição uniforme da energia sonora sobre a superfície S, que limita o espaço V do recinto considerado.

Ora, sendo a energia incidente na unidade de tempo sobre a superfície S que limita o ambiente de volume V em consideração dada, nessas condições pela equação 4.3.

$$W = \frac{cU}{4} S$$

Após estabelecido o regime, enquanto a energia total disponível no volume V do recinto considerado é $E_t = U V$.

Podemos concluir que o tempo necessário para que toda esta energia seja refletida uma vez, nos será dado por:

$$\tau = \frac{E_t}{W} = \frac{4UV}{cUS} = \frac{4V}{cS} \qquad (4.4)$$

Se S apresenta um coeficiente de absorção a uniforme, a energia total E_t depois de uma reflexão, ficará reduzida a uma energia residual E_r tal que:

$$E_r = E_t (1 - a)$$

E, após um tempo t, durante o qual se verificam t/τ reflexões, a energia residual passará a ser:

$$E_r = E_t (1 - a)^{t/\tau}$$

Na realidade, entretanto, a superfície S é constituída de várias parcelas $S_1, S_2, \ldots S_n$, com seus respectivos coeficientes de absorção $a_1, a_2, \ldots a_n$, de modo que, de acordo com a hipótese inicial de distribuição uniforme da energia sonora, sobre uma superfície genérica Si de coeficiente de absorção ai, incide no tempo uma parcela da energia total:

$$\frac{S_i}{S} E_t$$

a qual ficará reduzida após a primeira reflexão a:

$$\frac{S_i}{S} E_t (1 - a_i)$$

e, conseqüentemente, a energia residual total após a primeira reflexão de toda a energia sonora contida no volume do recinto em consideração seria:

$$E_r = \frac{E_t}{S} [S_1 (1 - a_1) + S_2 (1 - a_2) + \ldots S_n (1 - a_n)]$$

Como entretanto, $S = S_1 + S_2 + \ldots S_n$:

$$E_r = E_t \left(1 - \frac{S_1 a_1 + S_2 a_2 + \ldots S_n a_n}{S} \right)$$

E, chamando simplesmente de a, coeficiente de absorção equivalente do ambiente, a expressão:

$$a = \frac{S_1 a_1 + S_2 a_2 + \ldots S_n a_n}{S}$$

Acústica dos Ambientes

Chegamos à mesma expressão inicial:

$$E_r = E_t (1 - a)$$

E igualmente, para um tempo t em que se verificam t/τ reflexões, a energia residual seria da mesma forma:

$$E_r = E_t (1 - a)^{t/\tau}$$

Para o procurado tempo de reverberação convencional, devemos ter:

$$\frac{E_r}{E_t} = 10^{-6}$$

De modo que chamando de T este tempo, podemos escrever:

$$\frac{E_r}{E_t} = 10^{-6} = (1-a)^{T/\tau}$$

Onde τ, tempo necessário para completar-se uma reflexão de toda energia sonora contida no ambiente em consideração e que depende das características deste, nos é dado pela equação 4.4:

$$\tau = \frac{4V}{cS}$$

De modo que teremos:

$$10^{-6} = (1-a)^{cST/4V}$$

$$-6 = \frac{cST}{4V}\log(1-a)$$

$$6 = \frac{cST}{4V}\log\frac{1}{1-a}$$

$$T = \frac{24V}{cS\log 1/(1-a)}$$

E fazendo para o ar nas condições normais, $c = 344$ m/s:

$$T = \frac{0,07V}{S\log 1/(1-a)} = \frac{0,16V}{S\ln 1/(1-a)} \tag{4.5}$$

Que é a fórmula dita de Eyring.

Como o resultado do desenvolvimento em série de $\ln 1/(1 - a)$ é:

$$\ln 1/(1 - a) = - \ln (1 - a) = a + a^2/2 + a^3/3 + \ldots$$

Podemos obter ainda, considerando o primeiro termo e desconsiderando os demais, a fórmula devida a Sabine:

$$T = \frac{0,16V}{Sa} = \frac{0,16V}{A} \tag{4.6}$$

Onde $A = S$ a toma o nome de absorção total, dada em *sabines métricos* e tem por expressão:

$$A = S_1 a_1 + S_2 a_2 + \ldots S_n a_n \tag{4.7}$$

A fórmula de Sabine, entretanto, só é aceitável para valores pequenos de a.

Uma expressão que se identifica com a fórmula de Eyring para valores a da ordem de 0,5, seria:

$$T = T_{\text{Sabine}} - 0,088 \frac{V}{S} \tag{4.8}$$

Entretanto, a única fórmula que, de acordo com a premissa inicial de uniformidade de distribuição da energia sonora, nos dá para uma absorção $a = 1$ um tempo de reverberação nulo, e traduz com mais exatidão o complexo problema do som residual é a de Eyring.

Na prática, a hipótese de perfeita difusão da energia sonora nem sempre se verifica.

Em muitos casos, existem zonas de concentração e mesmo outras, com densidade de energia bastante reduzida, como galerias, balcões, etc. Para tornar a fórmula deduzida segundo a hipótese aludida, válida para o caso em consideração, são aconselhados diversos procederes práticos:

1) Podemos considerar as diversas superfícies componentes de S como reduzidas nas zonas de menor densidade.
2) Para galerias pouco profundas, o proceder de cálculo pode ser o normal.
3) Quando se trata de palcos ou galerias profundas, é aconselhável considerar apenas o volume principal da sala, atribuindo-se para as aberturas dessas zonas um coeficiente de absorção igual à unidade, mas somente no caso de se verificar que as absorções totais A das zonas em questão sejam maiores do que as admitidas para as suas respectivas aberturas.
4) Quando se trata de determinar o tempo de reverberação de uma sala para auditório, devemos considerar o número de pessoas que comporta, em vista da grande absorção que apresentam.

Assim, geralmente o ótimo de reverberação se calcula para o auditório completo ou ainda com 75% dos ocupantes.

É importante salientar que a variação do tempo de reverberação, com o número de espectadores, pode ser muito elevada, principalmente nas salas onde o coeficiente de absorção total é baixo.

Uma boa técnica nesses casos é adotar poltronas estofadas que tenham uma absorção praticamente igual quando vazias ou ocupadas.

Acústica dos Ambientes

4.3.4 CASO DE GRANDES AMBIENTES

Os problemas acústicos dos grandes ambientes são bem mais graves, principalmente em se tratando de igrejas, devido à complexidade de sua forma.

Assim as naves laterais alteram sensivelmente a distribuição da onda sonora, enquanto a nave central dá origem a fenômenos de concentrações e ressonâncias bastante desaconselháveis.

Por outro lado, a absorção do meio de propagação que foi negligenciada ao deduzirmos a equação do tempo convencional de reverberação, passa a ter uma influência sensível, especialmente para as altas freqüências, no caso de haver um raio sonoro médio grande e uma absorção pequena (tempo de reverberação elevado).

Com efeito, o tempo necessário para completar-se uma reflexão de toda energia sonora contida no ambiente, resulta diferente do valor dado pela equação 4.4:

$$\tau = \frac{4V}{cS}$$

e só um estudo acurado por meio de modelo pode nos dar uma idéia da distribuição seguida pela energia sonora.

Em vista disso, da complexidade do ambiente e da desuniformidade na distribuição da absorção, os valores dos tempos de reverberação das naves de grande volume, obtidos por cálculo podem ser bastante superiores aos reais.

Nestes casos, no mínimo é recomendável recorrer à fórmula de Knudsen, que leva em conta a absorção do meio, para o cálculo do tempo de reverberação convencional.

Assim, admitindo que a energia absorvida pelo meio seja proporcional à energia atual E, e ao percurso dl, podemos escrever:

$$dE = -\alpha E\, dl \quad \text{ou seja} \quad \frac{dE}{E} = -\alpha\, dl$$

E fazendo para $l = 0$ a energia inicial igual a E_0, teremos:

$$\ln\frac{E}{E_0} = -\alpha l \quad \frac{E}{E_0} = e^{-\alpha l}$$

E fazendo $l = ct$:

$$E = E_0\, e^{-\alpha ct} \tag{4.9}$$

Mas no tempo considerado t temos sobre as paredes t/τ reflexões que tornam cada vez a energia resultante $(1 - a)$ vezes menor, de modo que:

$$E = E_0\, e^{-\alpha ct}\, (1-a)^{t/\tau}$$

Fazendo na expressão anterior, $t = T$ (tempo convencional de reverberação) podemos dizer por definição que $E = E_0 10^{-6}$, e teremos:

$$10^{-6} = e^{-\alpha cT}\, (1-a)^{T/\tau}$$

Expressão cujo logaritmo neperiano vale:

$$2{,}303\ (-6) = \frac{T}{\tau}\ln(1-a) - \alpha cT$$

$$13.82 = \left(\alpha c + \frac{1}{\tau}\ln\frac{1}{1-a}\right)T$$

Donde

$$T = \frac{13{,}82\ \tau}{\alpha\tau c + \ln(1/1-a)} \qquad (4.10)$$

E supondo ainda o caso teórico em que:

$$\tau = \frac{4V}{cS} = \frac{4V}{344S}$$

Obtemos a fórmula de Knudsen:

$$T = \frac{0{,}16V}{4\alpha V + S\ln(1/1-a)} \qquad (4.11)$$

Onde α, coeficiente de extinção da onda sonora no meio, tem uma dimensão inversa de um comprimento e, é uma função da freqüência, da temperatura e da umidade do ar.

Para as condições médias do ar ambiente, os valores de α em função da freqüência, são os que constam na Tabela 4-1.

Se o percurso médio, que para a dedução atual, foi considerado impropriamente como:

$$c\tau = \frac{4V}{S}$$

for determinado experimentalmente, em função do tempo característico τ, o valor de T, poderia ser calculado a partir da equação 4.10, e o resultado obtido seria ainda mais próximo do real.

TABELA 4-1 — Coeficiente de extinção da onda sonora no ar, em função da freqüência	
Freqüência	$\alpha(1/m)$
< 2.000 Hz	0
2.000 Hz	0,001
3.000 Hz	0,003
4.000 Hz	0,005
Observação: para baixas freqüências, o efeito de absorção do meio de propagação que deu origem à fórmula corrigida de Knudsen é desprezável.	

4.3.5 TEMPO DE REVERBERAÇÃO ACONSELHÁVEL

A medida dos tempos de reverberação convencional de inúmeras salas, por meio de um oscilador de som puro de 512 Hz e um receptor gravador do nível sonoro, em função do tempo, permitiu a escolha do tempo de reverberação aconselhável T_0 para os ambientes destinados à audição, com o objetivo de se obter uma boa percepção dos diversos sons.

Assim Sabine e outros pesquisadores determinaram, para ambientes com mais de 500 m³, a seguinte expressão para o tempo de reverberação convencional aconselhável:

$$T_0 = kV^{1/n} \tag{4.12}$$

Onde os valores de k e n dependem da origem do som e estão registrados na Tabela 4-2.

TABELA 4-2 — Valores de k e n que definem o tempo de reverberação aconselhável

Origem do som	k	n
Música direta	0,4	6
Música reproduzida	0,3	6
Linguagem	0,35 (± 10%)	8

Os diversos valores de T_0 dados pela equação 4.12, em função da origem do som e do volume do ambiente estão registrados na Tabela 4-3.

Entretanto, os valores dados pela equação 4.12 e a Tabela 4-3, se referem a uma freqüência de 512 Hz.

Variando a freqüência, varia o coeficiente de absorção e, portanto, os tempos convencionais de reverberação, além de variar também a audibilidade do ouvido, de acordo com o audiograma.

Afortunadamente, de uma maneira geral, os materiais mais usados na construção têm um coeficiente de absorção maior para as altas freqüências, nas quais o ouvido é mais sensível.

Entretanto, é aconselhável, estabelecer uma correção do tempo de reverberação convencional, tentando adequar o seu valor de acordo com a sensibilidade do ouvido.

TABELA 4-3 — Tempo de reverberação aconselhável, em função do volume do ambiente e da procedência do som

Origem do som	V m³ 1.000	V m³ 2.500	V m³ 5.000	V m³ 10.000	V m³ 15.000	V m³ 20.000	V m³ 25.000
Música reproduzida	0,95	1,10	1,25	1,40	1,50	1,55	1,60
Música direta	1,25	1,45	1,65	1,85	2,00	2,10	2,15
Linguagem	0,83	0,93	1,02	1,10	1,15	1,20	1,25

TABELA 4-4 — Correções do tempo de reverberação aconselhável para linguagem ou música em função da freqüência

Som	125 Hz	250 Hz	500 Hz	1.000 Hz	2.000 Hz	4.000 Hz	8.000 Hz
Linguagem	1,3	1,1	1,0	1,0	1,1	1,3	1,7
Música	2,0	1,4	1,0	1,0	1,1	1,2	1,5

Assim, relacionando o tempo de reverberação aconselhável com a freqüência de 500 Hz, teríamos para as demais freqüências as correções que constam da Tabela 4-4.

Na prática, para dar boas condições de audição em salas cinematográficas, radiotransmissoras, ou de conferências, é suficiente a correção do tempo de reverberação convencional para a freqüência padrão de 500 Hz.

Para as salas destinadas à projeção de filmes sonoros e à audição de música reproduzida, em vista da possibilidade do aumento da potência sonora de emissão, é aconselhável o mínimo valor para o tempo de reverberação aconselhável.

Caso especial, são os estúdios de gravação onde a reverberação que naturalmente vai excitar os equipamentos de registro do som deve ser a mínima possível ($< 2/3\ T_0$), contornando-se o efeito de surdez acarretado nos executores por meio de fones nos ouvidos.

4.4 CORREÇÃO ACÚSTICA DOS AMBIENTES

4.4.1 GENERALIDADES

Os estudos da distribuição da onda sonora e do tempo de reverberação convencional não são suficientes para assegurar a inteligibilidade da palavra nos diversos ambientes, entendendo-se por inteligibilidade de palavras ou de sílabas, a relação entre o número das perfeitamente percebidas e o número das pronunciadas.

A inteligibilidade não deve ser inferior a 0,7 para que a acústica da sala seja considerada boa, embora somente para relações superiores a 0,8 é que a percepção se torna clara e segura.

Os fatores que influem sobre a inteligibilidade são:

    a) distribuição da onda sonora;
    b) intensidade energética do som;
    c) tempo de reverberação;
    d) rumores externos.

Quanto às influências sonoras ainda não citadas, devemos assinalar:

- Que a intensidade energética deve ser a correspondente a um nível sonoro da ordem de 70 *dB*, condição esta dificilmente verificada nos grandes auditórios.

- Que a intensidade dos rumores externos deve ser 10^3 a 10^4 (30 dB a 40 dB) inferior à da intensidade da audição interna, o que se obtém com um bom isolamento acústico da sala em consideração.

4.4.2 CORREÇÃO DO TEMPO DE REVERBERAÇÃO

Se o tempo de reverberação convencional do ambiente é maior do que o tempo de reverberação aconselhável, a absorção total A do ambiente deverá ser corrigida.

Assim, a partir das equações 4.5, 4.6 ou mesmo 4.8 que nos dão o tempo de reverberação convencional e da equação 4.12 que nos dá o tempo de reverberação aconselhável, podemos calcular a absorção total correta a ser adotada no ambiente, fazendo simplesmente:

$$T = T_0$$

Isto é:

$$T = \frac{0,16V}{S\ln(1/1-a)} = kV^{1/n} = T_0$$

Ou, ainda, com uma boa aproximação:

$$T = \frac{0,16V}{Sa} - 0,088\frac{V}{S} = kV^{1/n} = T_0$$

De modo que, a partir de V, S e T_0, podemos calcular o coeficiente médio de absorção a a adotar para o ambiente, determinar qual a correção a ser usada para a absorção total A do mesmo:

$$A_{\text{final}} = Sa - A_{\text{existente}}$$

A fim de serem evitadas desuniformidades na distribuição da energia sonora, é importante distribuir as superfícies absorventes o mais irregularmente possível, dividindo-as em mosaicos, de modo a equilibrar a absorção devida ao material, com aquela devida ao auditório disposto na proximidade.

Como o tempo de reverberação aconselhável varia com a freqüência (veja Tabela 4-4) num estudo mais detalhado é interessante calcular a correção acima, para as freqüências de 125 Hz e 4.000 Hz.

4.4.3 REFORÇO DO SOM

Quando o som original não apresenta a intensidade recomendável para uma perfeita inteligibilidade do mesmo (70 dB), torna-se necessário o seu reforço.

O reforço do som é obtido pelo aumento da densidade de energia inicial U_0 (energia por unidade de volume).

Assim, chamando de U a densidade de energia final após seu reforço, a amplificação α do som original nos será dada pela chamada relação de reforço:

$$\alpha = \frac{U}{U_0}$$

O aumento do nível sonoro, por sua vez, nos será dado por:

$$\Delta S = 10\log\frac{U}{U_0} = 10\log\alpha \tag{4.13}$$

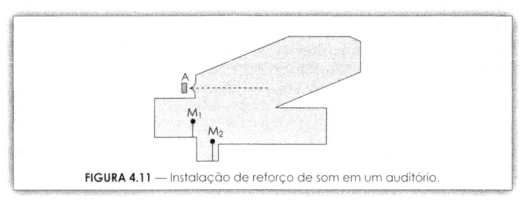

FIGURA 4.11 — Instalação de reforço de som em um auditório.

Na prática, este aumento chega a ser de 15 dB a 30 dB.

Por muito tempo acreditava-se na possibilidade de efetuar grandes reforços do som, simplesmente por meio de refletores convenientemente dispostos.

Esta possibilidade, entretanto, é muito limitada.

Com efeito, chamando de x a fração da energia emitida pela fonte que atinge uma superfície refletora ideal ($r = 1$), e não é aproveitada pelo auditório como onda direta, teríamos:

$$\alpha = \frac{(1-x)+x}{1-x} = \frac{1}{1-x}$$

Supondo ainda que metade da energia sonora possa ser refletida ($x = 1/2$), obteríamos:

$$\alpha = 2 \quad e \quad \Delta S = 3 \text{ dB}$$

Valor insuficiente na maior parte dos casos ocorrentes na prática.

Nessas condições, depreende-se que a localização de paredes refletoras deve atender simplesmente à melhor distribuição da onda sonora e não o seu reforço, o que ocasionaria zonas de concentração desaconselháveis.

Em resumo, o efetivo reforço do som, somente se obtém, aumentando a potência sonora total disponível, mediante o uso de fontes secundárias que reproduzem exatamente o som original.

Uma instalação de reforço desse tipo é constituída de vários microfones (eventualmente um só), que recebem o som original produzido no palco ou cátedra, e uma série de alto-falantes (em muitos casos um só) dispostos em cavidades e convenientemente orientados (Figura 4.11).

Evidentemente, a emissão do alto-falante deve ser distribuída de tal maneira que, somando-se com a proveniente da fonte, produza em todos os pontos do auditório praticamente a mesma densidade de energia U.

Os microfones devem ser dispostos de modo a receber o som direto da fonte, mas em hipótese alguma permitir o acoplamento acústico do alto-falante para o microfone, o que acarretaria o desagradável fenômeno da realimentação (eco eletrônico).

Acústica dos Ambientes 67

No caso do uso de diversos alto-falantes, estes devem estar orientados de tal forma a atender de uma maneira uniforme todo o auditório, mas ao mesmo tempo não permitir que os sons de alto-falantes diversos atinjam o mesmo ouvinte com uma diferença de percurso muito grande (> 10 m).

Em alguns casos, é preferível orientar os altos-falantes verticalmente para baixo (salas alongadas, igrejas, etc.), mas com o cuidado de adotar muitas unidades de pequena potência, para que a audição de um não seja perturbada pelos outros.

Quanto à potência total a ser instalada, podemos calculá-la mediante as considerações que seguem:

4.4.3.1 Caso de ambientes fechados

Conforme a teoria da reverberação analisada no item 4.3.2, a energia incidente por unidade de tempo sobre a superfície S que limita um ambiente de volume V, nos é dada pela equação 4.3:

$$W = \frac{cUS}{4}$$

Após um determinado tempo suficientemente grande, como a energia sonora do ambiente atinge o estado de equilíbrio (regime estacionário ou permanente), no qual a energia produzida é igual à energia absorvida, podemos escrever:

$$W_{Fonte} = aW = a\frac{cUS}{4} = \frac{cUA}{4}$$

De modo que podemos escrever que a intensidade energética do som no ambiente atingirá o valor:

$$I = \frac{W}{S} = \frac{cU}{4} = \frac{W_{Fonte}}{A} \tag{4.14}$$

Expressão que nos mostra que o nível de intensidade do som atingido em um ambiente fechado é inversamente proporcional à sua absorção total A, o que nos fornece um recurso técnico para corrigir o elevado nível dos sons indesejáveis, diretamente nos ambientes.

Por outro lado, lembrando que:

$$sDB = 10\log\frac{I}{I_0} = 10\log\frac{I}{10^{-12}\ W/m^2} = 10(\log I - 12)$$

Podemos calcular:

$$\log I = \frac{SdB - 120}{10} = \log\frac{W_{Fonte}}{A}$$

E finalmente obtemos:

$$W_{Fonte} = 10^{(SdB-120)/10}\, A \tag{4.15}$$

Ou ainda :

a) fazendo de acordo com Sabine $A = 0{,}16\ V/T$ obtemos a fórmula de D´Aigner:

$$W_{Fonte} = 0{,}16\ V/T\ 10^{(SdB-120)/10} = 0{,}0016\ V/T\ 10^{(SdB-100)/10} \qquad (4.16)$$

b) fazendo $T = T_0 = 0{,}3\ V^{1/6}$ tempo de reverberação aconselhável para o caso de música reproduzida:

$$W_{Fonte} = 0{,}00533\ V^{5/6}\ 10^{(SdB-100)/10} \qquad (4.17)$$

c) fazendo $T = T_0 = 0{,}35\ V^{1/8}$ tempo de reverberação aconselhável para o caso de linguagem:

$$W_{Fonte} = 0{,}00457\ V^{7/8}\ 10^{(SdB-100)/10} \qquad (4.18)$$

Observação

1. Desde que a distribuição espacial de energia seja a mesma em todo o ambiente.

   Como, entretanto, isto não ocorre normalmente, devem ser levadas em conta as características direcionais dos alto-falantes e a sua perfeita colocação, para que sejam evitados pontos de concentrações ou mesmo de reforços exagerados do som em certas zonas.

2. As potências dadas pelas fórmulas acima não levam em conta a viscosidade do ar, de modo que é aconselhável corrigir os valores obtidos em um mínimo de 50%

3. Os níveis recomendados de intensidade sonora, para ambientes quietos, são:

   orquestra............................ 105 dB
   música reproduzida............ 95 dB
   linguagem .... 80 dB

4. Quando houver ruídos de fundo, o nível aconselhável deve ser, no mínimo, de 10 dB superior ao maior destes.

5. As potências obtidas com as fórmulas acima são as potências sonoras de saída dos alto-falantes.

Para calcular as potências elétricas de alimentação dos mesmos, devemos considerar os rendimentos desses elementos, os quais são bastante baixos como se pode notar a seguir:

Alto-falantes de cone - $\eta = 2\%$
Alto-falantes mistos de twiter e woofler - $\eta = 5\%$
Alto-falantes de pavilhão - ordinários - $\eta = 2\%$
         bons - $\eta = 10\%$ a 20%
         Tipo corneta - $\eta = 25\%$ a 50%

Acústica dos Ambientes

4.4.3.2 Caso de espaços abertos

No caso de espaços abertos, a extinção do som se dá devido a dois fatores: um que é o aumento da superfície da onda sonora com a distância, e outro, a viscosidade do ar, causa do atrito de seu deslocamento.

De acordo com o efeito da distância d, considerando que a fonte sonora emita uniformemente em todas as direções, podemos escrever que:

$$I_1 = \frac{W_{Fonte}}{4\pi d^2}$$

Quanto à viscosidade, adotando o mesmo proceder usado na dedução da fórmula de Knudsen no item 4.3.4, no qual se admitiu que a energia absorvida pelo meio dE, devido ao atrito, é proporcional à energia atual E a ao percurso dl, podemos escrever:

$$dE = -E\alpha\, dl \quad \text{ou seja} \quad \frac{dE}{E} = -\alpha\, dl$$

E fazendo para $l = 0$ a energia inicial igual à energia da fonte E_{Fonte}, obtemos por integração entre 0 e d:

$$\ln\frac{E}{E_{Fonte}} = -\alpha d$$

$$E = E_{Fonte}\, e^{-\alpha d} \quad \text{ou ainda} \quad W = W_{Fonte}\, e^{-\alpha d}$$

Donde:

$$I = I_1 e^{-\alpha d}$$

$$I = \frac{W_{Fonte}}{4\pi d^2} e^{-\alpha d}$$

E podemos calcular:

$$W_{Fonte} = 4\pi d^2\, e^{\alpha d}\, I$$

E como:

$$SdB = 10\log\frac{I}{I_0} = 10\log\frac{I}{10^{-12}\ W/m^2}$$

Podemos fazer:

$$I = 10^{(SdB - 120)/10}$$

E obtemos finalmente a potência da fonte para obter sensação auditiva necessária:

$$W_{Fonte} = 4\pi d^2\, e^{\alpha d}\, 10^{(SdB - 120)/10} = 12{,}57\, d^2\, e^{\alpha d}\, 10^{(SdB - 120)/10}$$

Ou ainda na sua apresentação mais prática:

$$W_{Fonte} = 0{,}1257\, d^2\, e^{\alpha d}\, 10^{(SdB - 100)/10} \tag{4.19}$$

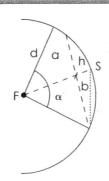

FIGURA 4.12 — Potência sonora dirigida de um alto-falante.

Expressão que nos permite chegar a conclusões bastante interessantes:

1. Para obter-se uma sensação auditiva de 100 dB, a uma distância de 30 m, as potências sonoras da fonte deveriam ser:

Para 1.000 Hz, $\alpha = 0,001$, $e^{\alpha d} = 1,03$, $W_{Fonte} = 116,5$ W
Para 2.000 Hz, $\alpha = 0,002$, $e^{\alpha d} = 1,06$, $W_{Fonte} = 119,9$ W
Para 4.000 Hz, $\alpha = 0,005$, $e^{\alpha d} = 1,16$, $W_{Fonte} = 131,2$ W

Análise que nos mostra que a viscosidade para esta distância, dependendo da freqüência considerada, aumenta a potência sonora necessária, de 3% a 16%.

2. As potências elétricas a serem adotadas por sua vez são muito maiores devido ao rendimento dos altos-falantes (veja item 4.4.3.1).

3. Como, entretanto, os altos-falantes podem ser dirigidos em ângulos sólidos bem definidos, as potências envolvidas, podem ser bem reduzidas.

Assim, considerando um alto-falante de abertura igual a 100°, teríamos (Figura 4.12):

$$S = 2\pi dh = 2\pi d \cdot d(1 - \cos\alpha/2) = 2\pi d^2(1 - 0,64) = 0,18 \cdot 4\pi d^2$$

Ou seja, $1/0,18 = 5,6$ vezes menor do que a superfície total da esfera, de modo que poderíamos fazer:

$$W_{Fonte} = 0,0225\, d^2\, e^{\alpha d}\, 10^{(SdB - 100)/10} \quad (4.20)$$

Ou, ainda, para uma abertura de alto-falante de apenas 30°:

$$W_{Fonte} = 0,00225\, d^2\, e^{\alpha d}\, 10^{(SdB - 100)/10} \quad (4.21)$$

Esses valores, entretanto, atendendo ao fenômeno de difração, devem sofrer uma correção substancial.

Capítulo

RUMORES

5.1 GENERALIDADES

Designamos aqui como rumores aqueles sons ou ruídos (sejam musicais, de palavras ou industriais) indesejáveis, devido ao fato de perturbarem a audição dos demais sons que desejamos ouvir, prejudicarem a execução de qualquer outro tipo de atividade humana ou ainda mesmo acarretarem qualquer dano à saúde do homem.

Os rumores caracterizam os ruídos ditos de fundo, que são limitados pelas normas de diversos países (níveis de critério de avaliação – NCA - veja itens 5.2 e 5.3).

O estudo dos rumores da técnica moderna e de suas implicações com a vida humana envolve uma série de problemas, de naturezas bastante diversas, que podemos enquadrar nos seguintes grupos:

- **Fisiológicos**, que estudam o seu efeito com relação ao organismo humano, como sejam a surdez, distúrbios nervosos e até a morte.
- **Fisiopsicológicos**, que estudam a sua influência sobre o rendimento do trabalho humano, seja manual ou intelectual.
- **Físicos**, que estudam a própria natureza do rumor, sua origem, a fim de tornar possível a sua redução ou mesmo eliminação.
- **Técnico construtivos**, que estudam meios capazes de reduzir seus efeitos indesejáveis.

Do ponto de vista físico, podemos distinguir num rumor, os seguintes elementos:

- **Intensidade**, que pode ser avaliada em dB_A ou fon.
- **Altura**, dada pela freqüência do som puro predominante.
- **Timbre**, que nos permite, na maior parte dos casos, estabelecer sua origem.
- **Regularidade**, que depende da constância da freqüência e da intensidade do mesmo.
- **Suportabilidade**, a qual esta relacionada à impressão de fastio fisiológico que pode ser ocasionado pelo mesmo.

Na realidade, a suportabilidade de um rumor está relacionada com os seus demais elementos.

Quanto às intensidades dos rumores suportáveis, elas são bastante elevadas (80 dB$_A$ a 90 dB$_A$), para um organismo normal, embora esses limites dependam, da freqüência, do timbre e da regularidade dos mesmos. Esse critério de suportabilidade fisiológico, entretanto, não é válido para todos os tipos de atividade humana.

Assim, para um trabalho intelectual intenso, rumores de 40 dB$_A$ a 50 bB$_A$ já acarretam uma sensível diminuição de seu rendimento e podem produzir efeitos psicológicos bastante prejudiciais à saúde humana.

Com relação à freqüência, os sons mais suportáveis são os do 100 Hz a 2000 Hz, mas a composição harmônica dos mesmos exerce grande influência sob este ponto de vista, sendo que os menos prejudiciais são os sons musicais.

A regularidade dos rumores, por sua vez, é em geral favorável à suportabilidade, embora a duração exagerada dos mesmos possa causar efeito danoso ao sistema nervoso.

5.2 INTENSIDADE DOS SONS E RUÍDOS MAIS COMUNS

O conhecimento da pressão sonora dos sons e ruídos mais comuns na prática é importante para estabelecer um critério de controle dos mesmos, a fim de preservar o desconforto e mesmo o risco de danos à audição e eventualmente a diversos aspectos da saúde humana, causados pelo seu valor excessivo.

Para isso, as normas brasileiras a respeito do assunto, além de caracterizar a intensidade do som pela sua pressão sonora equivalente L_{Aeq} em decibéis ponderados em A (dB$_A$), levam em consideração os aspectos especiais que veremos a seguir.

- Ruído com caráter impulsivo — quando o mesmo contém impulsos que são picos de energia acústica com duração menor do que 1s e que se repetem em intervalos maiores do que 1s (martelagens, bate-estacas, tiros, explosões, etc.).
- Ruído com componentes tonais — quando o mesmo contém sons puros (apitos, zumbidos, etc.).
- Ruídos intermitentes, etc.

As Tabelas 5.1, 5.2 e 5.3 a seguir nos dão uma idéia dos níveis de pressão sonora equivalentes L_{Aeq} em decibéis ponderados em A (dB$_A$) de diversos sons comuns na prática.

TABELA 5-1 — Níveis de som e rumores internos

Fonte	Distância M	Potência μW	Intensidade μW/cm²	L_{Aeq} DB_A
Conversação normal forte	1 1	5 — 20 100 — 1.000	$10^{-5} - 10^{-4}$ $10^{-3} - 10^{-4}$	50 — 60 70 — 80
Canto médio forte	1 1	200 — 2.000 $10^4 - 5 \times 10^4$	$10^{-3} - 10^{-2}$ 10^{-1}	70 — 80 90 — 100
Piano médio forte	1 1 — 3	500 — 2.000 $10^5 - 10^6$	$10^{-3} - 10^{-2}$ 1 — 10	70 — 80 100 — 110
Órgão forte	1 — 5	10^7	100	120
Orquestra forte	5 — 10	$10^7 - 10^8$	100 — 110	110 — 130
Rádio médio forte	1 — 3 1 — 3	100 — 1.000 $5 \times 10^3 - 3 \times 10^4$	$10^{-3} - 10^{-2}$ $10^{-2} - 10^{-1}$	70 — 80 90 — 100

TABELA 5-2 — Níveis de rumores de máquinas

Fonte	Distância M	dB_A mínimo	dB_A médio	dB_A máximo
Buzina de automóvel na direção do microfone	10 25 50	76 65 62	90 — 95 70 — 75 65	108 92 76
Compressor estrada	10	75	77 — 81	85
Martelete pneumático	10	87	92 — 97	105
Motor explosão 10 cv	10	76	78 — 82	85
Motor explosão 500 cv	10	95	100 — 106	110
Sirene grande	50	94	98 — 102	106
Sirene média	50	76	80 — 85	90
Avião monomotor	1.000		68 — 72	
Turboventilador	50		80 — 85	

TABELA 5-3 — Níveis de rumores de veículos

Fonte	Distância M	dB$_A$ mínimo	dB$_A$ médio	dB$_A$ máximo
Automóvel				
na estrada	5	55	65 — 75	92
em marcha lenta	5		75 — 80	
escapamento aberto	5	68	70 — 75	82
mudança de marcha	5	66	70 — 78	90
frenagem	5	65	70 — 76	84
Motociclo				
na estrada	10	68	74 — 86	95
mudança de marcha	10		75 — 85	
Trem				
veloz	5	76	80 — 84	90
lento	5	68	70 — 76	81
passagem sobre obra	5	74	78 — 83	92
frenagem	5	65	70 — 72	75

5.3 CONTROLE DOS RUÍDOS

Com o objetivo de evitar danos à saúde pública, causados pelo excesso de ruídos, característicos das atividades, sobretudo as industriais do mundo moderno, governos de numerosos países têm estabelecido normas no sentido de controlar os níveis de ruídos exagerados nos diversos ambientes.

Os critérios adotados são vários, como o estabelecimento de um limite do nível de pressão acústica, considerado como de conforto, ou mesmo aceitável para a finalidade a que se destina, de acordo com o horário e até mesmo com o tempo de duração, a fim de evitar danos à saúde humana.

Assim, a ABNT estabelece na sua NBR 10152 os níveis sonoros para conforto e os níveis sonoros aceitáveis para diversos ambientes internos (Tabela 5-4).

Por outro lado, embora os valores apresentados sejam baseados na medição do nível da pressão sonora equivalente ponderado em A, L_{Aeq}, corrigido de acordo com a NBR 10151 (veja item 5.4), a análise da freqüência de um ruído por vezes se torna indispensável, seja para sua melhor avaliação ou para o posterior tratamento de redução do nível sonoro, razão pela qual as normas citadas incluem os valores de NC (Noise Criteria), correspondentes às curvas de avaliação de ruído, em função da freqüência (Figura 5.1 e Tabela 5.5), as quais nos permitem verificar os limites, permitidos para sons cuja avaliação foi feita de uma maneira mais completa.

Por outro lado, a Portaria Brasileira 3214 estabelece o tempo máximo de exposição, em função do nível da pressão sonora (Tabela 5.6).

TABELA 5-4 — Valores de dB_A e NC

Locais	dB_A	NC
Hospitais		
Apartamentos, enfermarias, cirurgias, etc.	35 — 45	30 — 40
Laboratórios, áreas de uso público	40 — 50	35 — 45
Serviços	45 — 55	40 — 50
Escolas		
Bibliotecas, salas de música e de desenho	35 — 45	30 — 40
Salas de aula, laboratórios	40 — 50	35 — 45
Circulação	45 — 55	40 — 50
HOTÉIS		
Apartamentos	35 — 45	30 — 40
Restaurantes, salas de estar	40 — 50	35 — 45
Portaria, recepção, circulação	45 — 55	40 — 50
RESIDÊNCIAS		
Dormitórios	35 — 45	30 — 40
Salas de estar	40 — 50	35 — 45
AUDITÓRIOS		
Salas de concertos, teatros	30 — 40	25 — 30
Salas de conferências, cinemas	35 — 45	30 — 35
RESTAURANTES	40 — 50	35 — 45
ESCRITÓRIOS		
Salas de reunião	30 — 40	25 — 35
Salas de gerência, projetos, administração	35 — 45	30 — 40
Salas de computadores	45 — 65	40 — 60
Salas de mecanografia	50 — 60	45 — 55
IGREJAS E TEMPLOS	40 — 50	35 — 45
ESPORTE		
Pavilhões fechados para espetáculos e atividades esportivas	45 — 60	40 — 55

Observação: o valor inferior é o nível sonoro indicado para conforto, enquanto o valor superior é o nível sonoro indicado como aceitável para a finalidade.

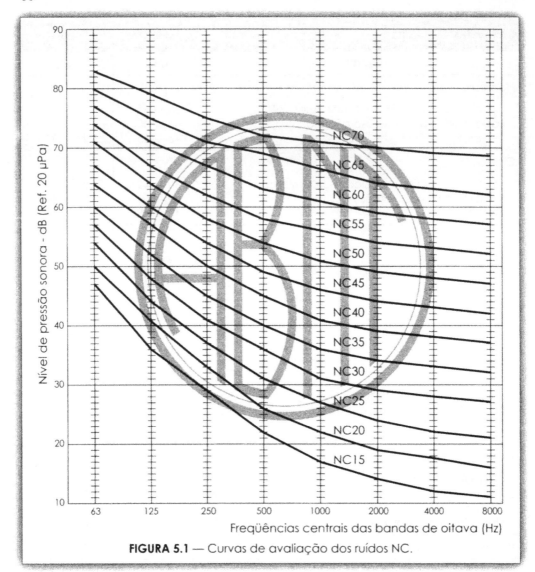

FIGURA 5.1 — Curvas de avaliação dos ruídos NC.

TABELA 5.5 — Níveis de pressão sonoras correspondentes às curvas NC

Curva	63 Hz dB	125 Hz dB	250 Hz dB	500 Hz dB	1.000Hz dB	2.000Hz dB	4.000Hz dB	8.000Hz dB
15	47	36	29	22	17	14	12	11
20	50	41	33	26	22	19	17	16
25	54	44	37	31	27	24	22	21
30	57	48	41	36	31	29	28	27
35	60	52	45	40	36	34	33	32
40	64	57	50	45	41	39	38	37
45	67	60	54	49	46	44	43	42
50	71	64	58	54	51	49	48	47
55	74	67	62	58	56	54	53	52
60	77	71	67	63	61	59	58	57
65	80	75	71	68	66	64	63	62
70	83	79	75	72	71	70	69	68

TABELA 5-6 — Tempo máximo de exposição para cada nível sonoro

Nível sonoro dB_A	Tempo permitido
85	8 h
86	7 h
87	6 h
88	5 h
89	4 h 30 m
90	4 h
91	3 h 30 m
92	3 h
93	2 h 30 m
94	2 h 15 m
95	2 h
96	1 h 45 m
98	1 h 15 m
100	1 h
102	45 m
104	35 m
106	25 m
108	20 m
110	15 m
112	10 m
114	08 m
116	06 m

A exposição a níveis de pressão sonoras diferentes é considerada dentro dos limites permitidos pela portaria, se o valor da **dose diária de ruído D** calculada abaixo for menor do que a unidade:

$$D = C_1/T_1 + C_2/T_2 + C_3/T_3 + \ldots C_n/T_n < 1$$

Onde: C é o tempo real de exposição de um determinado nível de pressão sonora e

T é o tempo total permitido para o nível de pressão sonora, considerado de acordo com a Tabela 5-6.

5.4 AVALIAÇÃO DOS RUÍDOS

Conforme vimos, a sensação auditiva causada ao ouvido humano varia grandemente com a freqüência, razão pela qual foram estabelecidas correções que caracterizam as avaliações ponderadas em A, B, C e D, embora atualmente somente as correções ponderadas em A sejam adotadas.

Entretanto, na avaliação dos ruídos comuns na prática, outros aspectos devem ser levados em conta, como os abaixo discriminados.

- A presença de ruídos com características impulsivas ou de impacto.
- A existência de componentes tonais.
- O caso de ruídos intermitentes.
- Os diversos horários do dia.
- O ambiente interno ou externo.
- O zoneamento.
- A presença de ruídos próprios do ambiente (ruídos de fundo).

Nessas condições, a avaliação dos ruídos deve obedecer a critérios que variam de acordo com as normas dos diversos países.

No Brasil, os critérios adotados devem ser os da ABNT, cujo procedimento consta das normas NBR-10151 e NBR-10152.

De acordo com os equipamentos de medida existentes, a fim de atender às prescrições das normas, os diversos tipos de medida mais usuais podem ser resumidas como a seguir:

1. Medida dos níveis de pressão sonora, sem correção, por banda de freqüência.

    Neste caso, os valores obtidos podem ser corrigidos pelas curvas de avaliação dos ruídos, em função da freqüência (NC) que constam na Figura 5.1.

    Desses valores corrigidos, o maior deve ser o considerado para a avaliação em questão. A vantagem desse método consiste no fato de se dispor dos níveis de pressão sonora para cada freqüência, o que permite uma melhor orientação no caso de correções acústicas posteriores, como redução do ruído mais significativo, na fonte ou mesmo em percurso.

As bandas de freqüência usadas normalmente são dadas pelos intervalos das freqüências correspondentes aproximadamente aos dó$_1$, dó$_2$, dó$_3$, dó$_4$, dó$_5$, dó$_6$ e dó$_7$, ou sejam 63 Hz, 125 Hz, 250 Hz, 500 Hz, 1000 Hz, 2000 Hz, 4000 Hz e 8000 Hz.

2. Medida do nível de pressão sonora de pico, medido por equipamentos, usando um tempo de subida de 20 μs (capaz de medir a pressão sonora máxima mesmo dos sons de mais alta freqüência).

3. Medida do nível de pressões sonoras impulsivo, medidas por equipamentos que possuem um circuito incorporado capaz de calcular o valor médio quadrático dos níveis de pressão sonora, durante um período de 35 ms (capaz de medir a pressão sonora efetiva mesmo dos sons de menor freqüência).

4. Medida do nível total de pressão sonora, que é a raiz média quadrática (RMS), dos sons num intervalo de tempo de 125 ms ou 1 s.

5. Medida do nível de pressão sonora equivalente (L_{Aeq}) em decibéis ponderados em A, medido por equipamento capaz de medir a média dos níveis de pressão sonora, a partir do valor médio quadrático dos níveis de pressão sonora (com a ponderação A) referente a um período de tempo definido.

De acordo com a ABNT, caso não se disponha do equipamento que execute a medição automática do L_{Aeq}, pode ser utilizado o procedimento de cálculo que segue:

$$L_{Aeq} = 10 \log 1/n \ \Sigma_1^n \ 10^{L_i/10}$$

Onde: L_i é o nível de pressão sonora com correção ponderada A, lido em resposta rápida dB$_A$ cada 5 s, durante o tempo total das n medidas (veja item 5.4.3).

Observação: para o caso de ruídos aeronáuticos, a NBR-13369 estabelece cálculo simplificado especial para o nível de ruído equivalente contínuo.

Como resultado final da avaliação dos ruídos, deve ser adotado o nível de pressão sonora corrigida L_C, dado pela expressão:

$$L_C = L_{Aeq} + L_B$$

Onde L_B são as correções a serem adotadas, conforme segue:

- Para o caso de ruídos com características impulsivas ou de impacto L_B = + 5 dB$_A$
- Para o caso de ruídos com componentes tonais L_B = + 5 dB$_A$
- Para o caso de ruídos intermitentes, L_B nos é dado em função da duração do ruído pela Tabela 5-7.

TABELA 5-7 — Correções em função da duração do ruído	
Duração do ruído em % do tempo	LB
56% — 100%	0 dB$_A$
18% — 56%	–5 dB$_A$
6% — 18%	–10 dB$_A$
1,8% — 6%	–15 dB$_A$
0,6% — 1,8%	–20 dB$_A$
0,2% — 0,6%	–25 dB$_A$
< 0,2%	–30 dB$_A$

Os valores dos níveis de pressão sonora, calculados como acima, deverão ser comparados com os níveis recomendados pela legislação (NBR-10151) chamados de **níveis de critério de avaliação NCA**, dados pela Tabela 5-8.

TABELA 5-8 — Valores de NCA para ambientes externos em dB$_A$		
Tipos de área	Diurno	Noturno
De sítios e fazendas	40	35
Estritamente residencial, hospitais, escolas	50	45
Mista, predominantemente residencial	55	50
Mista, com vocação comercial e administrativa	60	55
Mista com vocação recreacional	65	55
Predominantemente industrial	70	60
Observação: os níveis de critério de avaliação NCA para ambientes internos são os níveis indicados acima, com correção de –10 dB$_A$ para janela aberta e –15 dB$_A$ para janela fechada.		

Se o nível de ruído ambiente L_{ra} (nível de ruído de fundo) for superior ao indicado para o ambiente em consideração, o nível de critério de ruído NCA a considerar deve ser o L_{ra}.

5.5 REDUÇÃO DOS RUMORES

A redução dos sons e ruídos excessivos ou indesejáveis que atingem nossos ouvidos, ocasionando incômodo à nossa audição, à nossa atividade, ao nosso conforto, ou mesmo à nossa saúde, pode ser obtida por meio de técnicas bem definidas, de acordo com o local em que ela é aplicada.

Assim, podemos relacionar as seguintes situações:

- Redução dos ruídos na fonte.
- Redução dos ruídos no ambiente fechado onde a fonte se situa.
- Redução dos ruídos entre o ambiente fechado, em que são produzidos e outro ambiente fechado ou mesmo o exterior.
- Redução do ruído no próprio órgão auditivo.

5.5.1 REDUÇÃO DOS RUÍDOS NA FONTE

Na vida moderna, as principais causas de ruídos indesejáveis são, de uma maneira geral, as máquinas adotadas nas indústrias e nos transportes.

Em grande parte, os ruídos decorrem de operações industriais de corte, desbaste, polimento, limpeza, conformação, transporte, etc. que são difíceis de eliminar.

Lembrando, entretanto, que a causa dos ruídos das máquinas está na vibração ocasionada pelo movimento periódico dos diversos órgãos das mesmas, toda diminuição de amplitude dessas vibrações pode concorrer para a redução dos mesmos.

Assim, analisando as causas dessas vibrações, podemos conseguir uma redução de ruídos bastante significativa.

As causas das vibrações das máquinas podem ser resumidas a seguir:

1. Irregularidade no funcionamento, sobretudo de motores de combustão ou de explosão, caso em que uma regulagem perfeita da combustão pode eliminar.

2. Ressonância de partes de máquinas, que podem entrar em vibração forçada, como chapas, suportes, carenagens, protetores, etc.

    Nesses casos, alterações de dimensões, alterações das formas ou mesmo modificações na disposição das peças podem resolver ao menos em parte o problema.

3. Desequilíbrio dos diversos órgãos em movimento, os quais entram em vibração por inércia ou força centrífuga.

    Essa ocorrência é bastante comum em máquinas de movimento rotativo, em virtude de seus precários equilíbrios dinâmicos decorrentes de um balanceamento malfeito.

    Nas máquinas de movimento alternativo, como compressores e motores, esta ocorrência é ainda mais sensível, não só pela impossibilidade de um balanceamento perfeito, mas pelo uso de uma massa de volante muito reduzida.

4. Acabamento imperfeito dos órgãos em contato quando em movimento, grandes atritos e por vezes choques desnecessários.

Nesses casos, uma retificação correta, a substituição de rolamentos por mancais de escorregamento e uma lubrificação adequada podem minorar bastante o problema.

5. Suporte inadequado, permitindo a transmissão das vibrações para o piso.

Nesses casos, as fundações e a sua ligação às máquinas exercem uma importância fundamental.

As fundações, sobretudo daquelas máquinas sujeitas naturalmente a grandes vibrações de baixa freqüência como prensas e máquinas e motores de movimentos alternativos, devem ser de grande massa, a fim de aumentar bastante a inércia do conjunto e isoladas do piso por material resiliente no qual até o poliestireno expandido de alta densidade pode ser usado quando o peso total é distribuído numa área suficientemente extensa.

As ligações das máquinas às suas fundações devem ser feitas por meio de amortecedores de vibrações que podem ser metálicos de molas helicoidais ou laminadas, pneumáticos ou mesmo de materiais elásticos, como borracha natural ou sintética, ou elastômeros diversos.

A escolha desses amortecedores de vibrações vai depender do peso e da menor freqüência das vibrações que deverá suportar (veja item 5.2).

6. As ligações das máquinas entre si ou a elementos estáticos, como canalizações de água, de ar comprimido, de adução de produtos diversos, de dutos de ventilação ou ar-condicionado, etc.

Na ligação entre máquinas como o acoplamento de um motor elétrico ou mesmo térmico a uma bomba, ventilador ou qualquer outra máquina operatriz, caso este acoplamento não seja feito por meio de correias, a falta de alinhamento dos eixos de rotação é causa de vibrações que podem atingir valores elevados.

Mesmo para o caso de alinhamentos perfeitos, a fim de evitar a transferência de vibrações da máquina acionadora (motora) para a acionada (operatriz), é importante o uso de conexões flexíveis tipo Cardan especialmente elaboradas para esta função.

Para o caso de canalizações ou dutos, as ligações às máquinas necessariamente deverão ser feitas por meio de juntas metálicas corrugadas, mangueiras de borracha com reforço metálico, ou mesmo golas de lona (dutos de ventilação ou ar-condicionado).

Essas ligações devem ser feitas as mais próximas possíveis da máquina e, em caso de vibrações elevadas, adotar duas juntas colocadas perpendicularmente uma à outra para absorver as vibrações, tanto no plano vertical como no plano horizontal.

Problema igualmente importante, com relação à redução da rumorosidade, é o que diz respeito ao transporte.

A redução da rumorosidade, neste caso, pode ser obtida, adotando-se uma série de medidas, como:

1. Aumento da largura da via, se possível com vegetação a sua margem.

2. Utilização de juntas de dilatação mais próximas.

3. Redução dos sinais acústicos.

4. Disciplina e distribuição melhor o tráfego.

5. Adoção de materiais de maior elasticidade na pavimentação, tentando assim reduzir a sua rigidez.

6. Redução dos ruídos dos próprios veículos.

Tais recursos, quando adotados de uma maneira racional na moderna urbanística, têm realmente contribuído para uma redução substancial dos ruídos de nossas barulhentas e desordenadas vias de transporte.

5.5.2 AMORTECEDORES DE VIBRAÇÕES

Para o estudo da seleção dos amortecedores de vibrações, adotaremos a simbologia especial que segue:

m — massa total do equipamento fonte das vibrações em kg;

$m_i = m/n$ — massa atuante em um amortecedor individual em kg;

$m_s - m/S$ — massa atuante por metro quadrado de um amortecedor tipo placa em kg;

n — número de amortecedores individuais;

S — superfície total dos amortecedores tipo placa em m²;

F = mg – peso total do equipamento em N;

$F_i = F/n = m_i g$ — peso atuante em um amortecedor individual em N;

$F_s = F/S = m_s g$ — peso atuante por m² de um amortecedor tipo placa em N;

F_d = força dinâmica da massa m em vibração na freqüência f em N;

f = menor freqüência de vibração do equipamento em Hz;

f_n = freqüência natural de vibração não-amortecida do amortecedor em Hz;

$r_f = f/f_n$ — relação de freqüências;

$A = X_0$ — amplitude máxima atingida pela vibração em m;

d — deformação linear sofrida pelo amortecedor em m;

$k_i = F_i/d$ — rigidez do amortecedor individual em N/m;

$k_s = F_s/d$ — rigidez do amortecedor tipo placa em N/m³;

a = amortecimento;

a_c = amortecimento crítico;

$a/a_c = \alpha$ — relação de amortecimento (varia de 0 a infinito);

T_F = força transmitida/força excitadora (dinâmica) — transmissibilidade de força;

$\eta = 100 (1 - T_F)$ — rendimento do amortecimento.

As causas das vibrações das máquinas são as forças dinâmicas F_d que decorrem do desequilíbrio dinâmico de seus órgãos que se movimentam.

A força dinâmica F_d pode atingir valores superiores à força estática F da mesma (peso), de modo que, no caso de não se dispor de seu valor, devemos arbitrar:

$$F_d = 0{,}5 \text{ a } 2{,}5\, F$$

Na realidade, a força dinâmica cria uma vibração de amplitude A, cuja relação:

$$\frac{F_d}{A} = k_d$$

Tem semelhança com a rigidez estática, de modo que a chamaremos de rigidez dinâmica.

A relação entre a rigidez estática e a rigidez dinâmica toma o nome de fator dinâmico de amplificação:

$$FDA = \frac{k}{k_d} = \frac{FA}{F_d d}$$

O valor de *FDA* é uma função da relação de freqüências $r_f = f/f_n$ e da relação de amortecimento $\alpha = a/a_c$.

O amortecimento diz respeito à redução da vibração, enquanto o amortecimento crítico é aquele que se verifica quando a freqüência do absorvedor entra em ressonância.

Embora, teoricamente o valor de α possa variar de 0 a 1, normalmente por segurança $a/a_c < 0{,}1$ (para os elastômeros ele varia de 0,001 a 0,2) de modo que o termo no qual o mesmo aparece, pode ser desprezado na equação que nos fornece a *FDA*:

$$FDA = \frac{FA}{F_d d} = \frac{kA}{F_d} = \sqrt{\frac{1}{(1+r_f^2)^2 + 4r_f^2\alpha^2}} \cong \frac{1}{1+r_f^2} \qquad (5.1)$$

Por sua vez, a freqüência natural do amortecedor f_n nos é dada pela expressão:

$$f_n = \frac{1}{2\pi}\sqrt{\frac{k}{m}(1-\alpha^2)} \cong \frac{1}{2\pi}\sqrt{\frac{k}{m}} = \frac{1}{2\pi}\sqrt{\frac{F/d}{m}} = \frac{1}{2\pi}\sqrt{\frac{g}{d}} \qquad (5.2)$$

Onde podemos notar que a freqüência natural de vibração do amortecedor aumenta com a rigidez k do mesmo e diminui com a massa total do equipamento, cuja vibração queremos amortecer.

Nessas condições, aumentando-se a massa m do equipamento (agregando a base ou fundação à máquina) podemos, sem reduzir a rigidez do amortecedor, obter uma f_n menor.

Donde podemos calcular:

$$d = \frac{g}{4\pi^2 f_n^2} \qquad (5.3)$$

e

$$k = 4\,\pi^2 f_n^2\, F/g \qquad (5.4)$$

E igualmente a partir da equação 5.1 do fator dinâmico de amplificação FDA:

$$Fd = \frac{kA}{FDA} = (1+r_f^2)\frac{A}{d}F = (1+r_f^2)4\pi^2 f_n^2 \frac{AF}{g} \cong (0,5 \text{ a } 2,5)F \qquad (5.5)$$

Por sua vez, a transmissibilidade de força é dada pela equação:

$$T_f = \frac{\text{Força transmitida}}{F_d(\text{Força excitadora})} = \sqrt{\frac{1+r_f^2\alpha^2}{(1+r_f^2)^2 + 4\pi_f^2\alpha^2}} = \frac{1}{1+r_f^2} \qquad (5.6)$$

Isto é, os valores de TF e FDA são praticamente iguais e variam num projeto de amortecimento conservativo entre valores de 0,01 e 0,15 (veja os valores recomendados para a r_f).

Donde podemos calcular o rendimento do amortecimento:

$$\eta = 100\,(1 - T_F)\% \qquad (5.7)$$

A partir dos dados, que devem incluir F, n ou S e a menor freqüência de vibração do equipamento, a ordem a seguir nos cálculos para selecionar os amortecedores de vibração seria a seguinte:

1. A fim de conseguir uma reduzida transmissibilidade de força e, portanto, um bom rendimento no amortecimento, devemos escolher uma freqüência natural de vibração, bastante reduzida, adotando-se para isso uma relação de freqüência rf que normalmente varia de 2.5 como mínimo até cerca de 10, isto é:

$$f_n = \frac{f}{2,5 \text{ a } 10}$$

2. A partir das fórmulas 5.3 e 5.4 e considerando o número de amortecedores individuais ou a superfície a adotar dos amortecedores elastômeros tipo placa, podemos calcular d e k_i ou k_s.

3. A seguir, com o auxílio das equações 5.6 e 5.7, podemos obter o valor da transmissibilidade de força T_F e do rendimento η do amortecimento.

4. A força dinâmica é calculada, a partir da aproximação dada pela equação 5.5, já que a amplitude não é conhecida, e podemos selecionar os amortecedores individuais ou tipo placa, a partir da carga máxima admitida:

$$C(F + F_d) < F_{\text{máxima}}$$

Onde C é um coeficiente de segurança usualmente igual a 1,5 a 2,5.

5. Caso interessar, podemos calcular ainda a provável amplitude A da vibração, dada pela equação 5.1 do chamado fator dinâmico de amplificação.

6. A caracterização final dos amortecedores é feita a partir do valor do k_i do amortecedor individual ou do k_s da placa de material elastômero.

Caso especial é o caso das máquinas que têm forças de impacto, como as prensas.

Nestes casos, devemos fazer:

$$f_n \ll \frac{1}{10T}$$

Onde T é a duração do impacto

E igualmente:

$$T_F = \frac{F_{transmitido}}{F_{efetivo\,do\,choque}}$$

De acordo com a equação:

$$f_n = \frac{1}{2\pi}\sqrt{\frac{k}{m}}$$

Melhores amortecimentos se conseguem, diminuindo-se a rigidez k e aumentando-se a massa m do conjunto onde está embasado o equipamento.

A diminuição da rigidez $k = F/d$, entretanto, é limitada fisicamente pela deformação linear do amortecedor, que pode acarretar deslocamentos excessivos do equipamento.

Na solução dos problemas de vibrações das máquinas, a escolha do tipo de amortecedor de vibrações também é importante:

1. Os amortecedores metálicos geralmente são executados de molas helicoidais ou feixe de lâminas de molas metálicas e são usados para grandes cargas, podendo sofrer as grandes deformações que acontecem nas baixas freqüências.

2. Os amortecedores de elastômeros são usados normalmente para máquinas de menor porte e que têm altas freqüências de vibração mais ou menos intensas.

Os materiais mais comumente usados são a borracha natural, borracha sintética e outros elastômeros como o silicone e o neoprene, com resistência disposta ao cisalhamento ou a compressão.

A rigidez desses amortecedores depende essencialmente de sua densidade e varia normalmente de 500 N/m até cerca de 5.000 N/m quando individuais e trabalhando por cisalhamento.

3. Os amortecedores pneumáticos são usados para vibrações de baixa freqüência e têm a peculiaridade de apresentar uma deformação estática muito pequena e, portanto, uma rigidez bastante elevada. São os amortecedores indicados para cargas unidirecionais (verticais) como prensas e equipamentos de precisão.

A sua freqüência natural de vibração pode ser calculada pela equação:

$$f_n = \frac{1}{2\pi}\sqrt{\frac{k\Omega g}{V}} \qquad (5.8)$$

Onde (veja Figura 5.2):

  k - coeficiente de Poisson que para o ar vale 1,4;
  Ω - é a área da seção horizontal do pistão;
  V - volume de ar contido no cilindro.

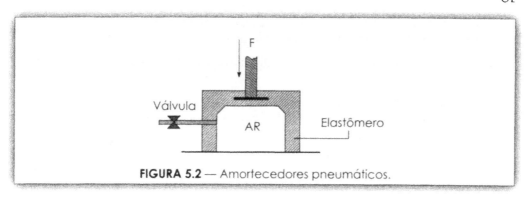

FIGURA 5.2 — Amortecedores pneumáticos.

5.5.3 REDUÇÃO DOS RUÍDOS NOS AMBIENTES

Consideremos um ambiente fechado, onde uma fonte sonora de potência W_{Fonte} emite um som em todas as direções, que a difusão desse som seja perfeita, atingindo a repartição de sua energia por unidade de volume um valor constante U, e que o efeito da viscosidade do ar sobre a sua propagação seja desprezada.

Podemos dizer que intensidade energética que atinge o observador situado a uma distância d da fonte, devida ao som direto, vale:

$$I = \frac{W_{\text{Fonte}}}{4\pi d^2}$$

enquanto o refletido inúmeras vezes pelo efeito da reverberação nos será dado pela equação 4.19:

$$I = \frac{W_{\text{Fonte}}}{A}$$

Nessas condições, a intensidade energética resultante dos dois efeitos citados acima nos será dado por:

$$I = \frac{W_{\text{Fonte}}}{4\pi d^2} + \frac{W_{\text{Fonte}}}{A}$$

Mas como a sensação auditiva nos é dada por:

$$S = 10\log\frac{I}{I_0} = 10\log\frac{I}{10^{-12} \text{ W/m}^2}$$

Podemos dizer que o nível sonoro na posição do observador será:

$$S = 10\log W_{\text{Fonte}}\left(\frac{1}{4\pi d^2} + \frac{1}{A}\right) - 120 \text{ } dB \qquad (5.9)$$

Para um observador situado perto da fonte sonora o fator $1/(4\pi d^2)$ é significativo, mas para observadores afastados da fonte sonora, este pode ser desprezado face ao valor de $1/A$.

Nessas condições, a redução do ruído no próprio ambiente em que se situa a fonte do mesmo, pode ser obtida aumentando-se o valor de A.

Essa redução, entretanto, não é muito significativa pois ao dobrar A, a redução máxima que se pode obter é de apenas 3 dB.

Na prática, em ambientes muito duros (de baixo a médio) pode-se multiplicar o valor de A por 10, obtendo-se assim uma redução do nível sonoro de até 10 dB.

Caso especial são as salas anecóides, onde praticamente $A = S$. Isto é, a absorção média é igual a 1, de modo que a reverberação é nula, e o único som audível é o direto.

No caso de fábricas em que as fontes de ruído são múltiplas, a redução do ruído por meio do aumento da absorção total A só é efetiva para os ouvintes, em relação às fontes que estiverem mais afastadas dos mesmos.

5.5.4 REDUÇÃO DOS RUÍDOS NAS SUPERFÍCIES OU ESTRUTURAS DIVISÓRIAS

Trata-se aqui do isolamento acústico que se obtém por enclausuramento da fonte ou da zona interna ou externa que é sede de ruídos.

Este isolamento envolve um sem-número de soluções que preferimos analisar em capítulo à parte, onde trataremos de uma maneira geral do isolamento por meio de paredes, pisos, forros e do isolamento de dutos (veja Capítulo 6).

5.5.5 PROTETORES AUDITIVOS INDIVIDUAIS

Para reduzir os ruídos no próprio órgão auditivo, são usados os chamados protetores auriculares individuais. Esses protetores podem ser de diversos tipos, sendo que os mais usados são: os **tampões**, de materiais diversos, como espuma, fibra vegetal ou animal, moldáveis ou pré-moldados. Há também os protetores tipo **concha**, de diversos materiais, a fim de amoldar o dispositivo na parte externa da orelha. Além desses, há o dispositivo tipo **capacete** com protetores tipo concha embutidos.

A solução de redução da sensação auditiva diretamente no ouvido, entretanto, apresenta uma série e restrições, como:

- problemas de higiene e educação;
- desconforto térmico e operacional;
- dificuldade de comunicação verbal;
- capacidade de atenuação dos ruídos, limitada.

Quanto a capacidade de atenuação, convém lembrar que o som sensibiliza o órgão auditivo não só através do pavilhão auricular (ouvido externo), pois boa parte da intensidade energética atinge o ouvido interno também através da estrutura óssea e do tecido da cabeça.

Esta a razão pela qual a abrangência do protetor nas imediações do pavilhão auricular, contribui para sua maior eficiência.

A Tabela 5-9, devida a vários fabricantes, nos dá uma idéia dos valores médios das atenuações em dB conseguidas com estes dispositivos, em função da freqüência.

TABELA 5-9 — Atenuação dos ruídos obtida com os protetores auriculares individuais, em função da freqüência

Freqüência	Tampão	Concha	Capacete	Tampão + concha
125 Hz	12	15	17	23
250 Hz	13	16	18	29
500 Hz	14	17	20	37
1.000 Hz	17	32	34	38
2.000 Hz	26	33	35	38
4.000 Hz	27	40	42	47
8.000 Hz	24	38	40	44

A Tabela acima nos mostra que a atenuação aumenta grandemente com a freqüência, sobretudo para as conchas.

As conchas apresentam, de uma maneira geral, atenuações superiores a dos tampões, provavelmente devido à redução, conforme já foi citado, da transmissão do som por fora do ouvido externo.

A associação dos protetores de tampão com os de concha mostra não só uma melhoria, embora discreta da atenuação, mas também uma maior uniformidade na redução dos ruídos das diversas freqüências.

6º Capítulo

ISOLAMENTO ACÚSTICO

6.1 GENERALIDADES

A transmissão da energia sonora de um ambiente para outro, sejam os dois fechados ou mesmo um fechado e outro aberto, se dá por meio de três caminhos diferentes, como veremos abaixo.

1. Por meio do ar, pelas aberturas situadas nas portas, nas janelas, nas grades de ventilação, etc.

2. Por meio da estrutura da própria construção ou canalizações diversas, onde vibrações se transmitem e podem assumir valores que inviabilizam a utilização de um ambiente para certos tipos de atividades mais acuradas.

3. Através das superfícies limítrofes do meio fechado, com tetos, forros, pisos, paredes, portas e janelas fechadas, etc.

No caso da transmissão do som por vibrações estruturais, procure o item 5.5.1.

Nos demais casos, o isolamento acústico propiciado pelas superfícies de fechamento dos ambientes e mesmo pelas suas indispensáveis aberturas pode ser caracterizado pela chamada atenuação do ruído R, que nada mais é do que a redução da sensação auditiva de um lado para o outro do obstáculo, isto é:

$$R = 10\log\frac{I_1}{I_2} = 10\log\frac{1}{t} dB \qquad (6.1)$$

Quando uma onda plana, propagando-se em um meio fluido, incide sobre uma superfície de um segundo meio, uma parte da energia sonora incidente é refletida para o primeiro meio, enquanto a parte restante é transmitida através do segundo meio (veja item 3.2).

Caso considerarmos a onda incidente no primeiro meio como normal à superfície do segundo meio, os coeficientes de reflexão r e transmissão t podem ser calculados em função das impedâncias acústicas específicas $Z_1 = \rho_1 c_1$ e $Z_2 = \rho_2 c_2$ dos dois meios, conforme equação 3.2.

A Tabela 3-2 nos dá os valores de r e t na incidência de um som que, se propagando no ar, incide perpendicularmente na superfície de diversos materiais.

6.2 ATENUAÇÃO ACÚSTICA DE UMA PAREDE SIMPLES

O fenômeno da transmissão do som pelas superfícies divisórias, como aquelas que delimitam os ambientes nas construções civis e industriais, tanto no sentido vertical como horizontal, é bastante complexo, pois é devido a três causas diversas:

- Refração da onda sonora, fenômeno que segue as leis análogas à refração da luz e que, conforme vimos, depende da impedância acústica específica ρc dos meios de propagação (ar-parede-ar).
- Absorção de parte da energia sonora através dos poros do material que constitui a parede.
- Irradiação por vibração da parede.

Nos estudos sobre o isolamento acústico na prática, entretanto, podemos limitar-nos a considerar apenas a última causa, porque a energia transmitida pela mesma é muitas vezes superior às ocasionadas pelas causas anteriores, ao menos para as estruturas divisórias usadas normalmente nas nossas construções.

Assim, considerando o caso de ondas planas longitudinais com propagação unidirecional, incidindo normalmente à uma parede rígida, de massa m por metro quadrado (kg/m^2), sem vibração e imaginando que não haja dissipação de energia tanto no ar que banha a parede como na própria parede pode-se demonstrar que:

$$R = 20\log\frac{\pi}{\rho_1 c_1} + 20\log(mf) dB \qquad (6.2)$$

E como para o ar nas condições normais podemos fazer $Z_1 = \rho_1 c_1 = 412{,}8$ kg/ms, podemos ainda escrever:

$$R = 20\log(mf) - 42{,}4 \, dB \qquad (6.3)$$

Considerando, por outro, lado que a incidência da onda sonora se dê em todos os ângulos possíveis (difusão perfeita do som), integrando os coeficientes de transmissão que se verificariam, no caso, para a incidência de todos os ângulos de 0 a 90°, chegaríamos à conclusão comprovada pela prática de que o valor da equação 6.3 ficaria reduzido a aproximadamente 5 dB.

De modo que a equação anterior assumiria o valor mais de acordo com a realidade que seria:

$$R = 20 \log (mf) - 47{,}4 \text{ dB} \tag{6.4}$$

Onde, fazendo $K = 20 \log f - 47{,}4$ obtemos a fórmula de uso mais usual na prática:

$$R = 20 \log m + K \text{ dB} \tag{6.5}$$

Os valores de K em função de f constam na Tabela 6-1.

TABELA 6-1 — Fator K de correção, na atenuação de acordo com a lei das massas, em função da freqüência

Freqüência Hz	K
125	– 5,5
250	+ 0,5
500	+ 6,6
1.000	12,6
2.000	18,6
4.000	24,6
8.000	30,7

A equação anterior e a sua correspondente tabela nos mostram que a atenuação aumenta com a freqüência, cerca de 6 dB por oitava, o mesmo acontecendo cada vez que dobra a massa por unidade de superfície da parede.

Na prática, a análise do isolamento se restringe ao cálculo da atenuação para a freqüência de referência de 500 Hz.

Para o caso de paredes de alvenaria, devido à falta de homogeneidade do material, é usual negligenciar o valor de K que consta da equação 6.5.

Veja no item 6.7.1 os valores das atenuações para diversos tipos de paredes usuais na construção.

6.3 ATENUAÇÃO ACÚSTICA DE UMA PAREDE VIBRANTE

Na realidade, as paredes apresentam uma rigidez k limitada e podem entrar em vibração forçada, nas freqüências ditas de ressonância, dadas pela equação:

$$f_0 = 0,45 l \sqrt{\frac{E}{\rho}\left[\left(\frac{n}{a}\right)^2 + \left(\frac{m}{b}\right)^2\right]} \tag{6.6}$$

Onde: l = a espessura da parede em m
E = o módulo de elasticidade da parede em N/m^2
ρ = a massa específica em kg/m^3
a = a altura da parede
b = a largura da parede
m e n = números 1, 2, 3, 4... relativos às diversas freqüências de vibração da parede.

Quando a parede entra em vibração na sua freqüência natural, a transmissão da energia sonora aumenta e, concomitantemente, a atenuação diminui e passa a ser dada por:

$$R = 20\log\left(1 + \frac{C}{2\rho c}\right) \tag{6.7}$$

Onde C caracteriza o amortecimento, de tal forma que nesta fase a atenuação depende basicamente deste.

Assim, para um amortecimento grande, a atenuação pode ser elevada, enquanto para um amortecimento $C \ll 2\rho c$, a atenuação pode ser nula.

Para freqüências inferiores à mínima de ressonância, a atenuação vai depender unicamente da rigidez da parede e pode ser calculada pela expressão:

$$R = 20\log\frac{k}{f} - 74,2 \tag{6.8}$$

Acima da freqüência de ressonância é que a atenuação passa a ser controlada pela massa m por metro quadrado de parede, de acordo com a lei das massas dada pelas equações 6.3, 6.4 e 6.5.

Quando a velocidade de propagação do som no ar se aproxima da velocidade de flexão livre da parede, ocorre a chamada coincidência, na qual a freqüência tem o valor dado por:

$$f_c = \frac{c_{ar}^2}{1,8\, c_m l} \tag{6.9}$$

Onde c_m é a velocidade longitudinal de propagação do som na parede a qual depende do módulo de elasticidade E e da massa específica ρ da mesma (veja equação 2.8).

Os valores do produto lf_c, característicos de cada material, nos é dado para o ar nas condições normais pela Tabela 6-2.

Isolamento Acústico

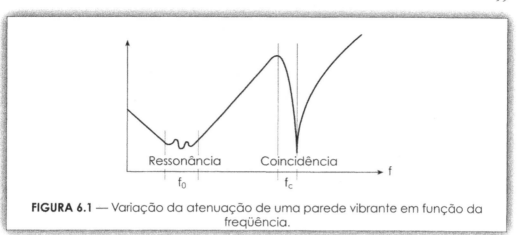

FIGURA 6.1 — Variação da atenuação de uma parede vibrante em função da freqüência.

TABELA 6-2 — Valores de lf_c para paredes vibrantes	
Material	lf_c
Aço	12,4
Alumínio	12,0
Bronze	17,8
Cobre	16,3
Vidro	12,7
Madeira	20 a 23
Concreto	17 a 33

Na freqüência de coincidência, há uma quebra bastante grande da atenuação, razão pela qual essa situação deve ser no mínimo analisada, nos processos de isolamento acústico e se possível evitada.

Para freqüências superiores à freqüência de coincidência, a atenuação é controlada novamente pela rigidez, subindo com o aumento da freqüência cerca de 10 a 18 dB por oitava.

A Figura 6.1 nos mostra a variação da atenuação em todos intervalos de freqüências citados ($<f_0, f_0, f_0$ a $f_c, f_c, >f_c$).

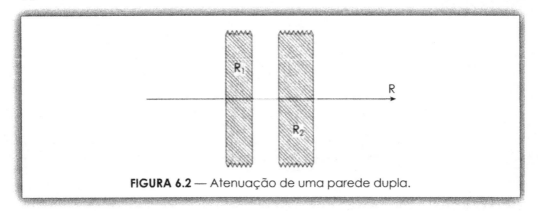

FIGURA 6.2 — Atenuação de uma parede dupla.

6.4 ATENUAÇÃO ACÚSTICA DE UMA PAREDE DUPLA

O uso de paredes duplas ou até triplas separadas simplesmente por uma camada de ar constitui-se numa solução econômica para obtenção de grandes atenuações.

Assim, considerando-se que a impedância acústica específica dos dois segmentos de parede (Figura 6.2) seja muito maior que a do ar em contato com suas superfícies, a atenuação global do sistema, seria dada pela fórmula simplificada 6.10:

$$R = R_1 + R_2 + 20 \log \, \text{sen} \frac{2\pi f l}{c} + 6,0 \quad db \tag{6.10}$$

Onde R_1 e R_2 são as respectivas atenuações dos segmentos 1 e 2 da parede dupla em consideração, avaliadas como se cada uma atuasse independentemente.

O termo contendo o logaritmo da função seno é um redutor da atenuação global, o qual pode variar de zero a 0 a menos infinito.

Assim quando $f = c/4l$, obtemos sen $\pi/2 = 1$ e o redutor da atenuação que aparece na equação 6.10 é nulo.

Para freqüências $f > c/4l$, a atenuação global não obedece mais à fórmula simplificada acima, tendo-se verificado, por meio de ensaios experimentais, que é preferível manter a expressão já assinalada para o caso acima em que o redutor de atenuação é nulo:

$$R = R_1 + R_2 + 6,0 \text{ dB} \tag{6.11}$$

Entretanto, quando a freqüência é igual à freqüência de ressonância do sistema parede-ar-parede, dada por:

$$f_0 = \frac{c}{2\pi} \sqrt{\frac{\rho}{l} \frac{(m_1 + m_2)}{m_1 m_2}} \tag{6.12}$$

onde: m_1 e m_2 são as massas dos dois segmentos de parede em kg/m^2,

l é a distância entre as paredes.

Isolamento Acústico

As duas paredes sujeitas às múltiplas reflexões de suas superfícies internas entrarão em ressonância com o ar entre elas enclausurado, e a atenuação global do sistema passa a funcionar como se o conjunto fosse uma só massa, isto é:

$$R = 20 \log (m_1 + m_2)f - 47,4 \text{ dB} \tag{6.13}$$

O mesmo acontecendo para freqüências inferiores até um valor que experimentalmente foi definido como $f = \rho c/\pi(m_1 + m_2)$.

Nessa faixa de freqüências, portanto, o isolamento fica grandemente comprometido.

Afortunadamente, para evitar o aparecimento desse problema, podemos adotar várias soluções:

- Restringir as múltiplas reflexões entre as duas paredes, capeando-as internamente com material absorvente, adotando-se uma cortina intermediária de material absorvente, ou mesmo preenchendo o espaço entre as paredes com material absorvente de baixa rigidez para evitar o acoplamento mecânico entre as mesmas. Este proceder é comumente adotado em paredes duplas opacas e com espaço suficientemente grande.

- Evitar que as freqüências naturais de vibração das paredes sejam idênticas, de modo a reduzir o acoplamento vibratório das mesmas, adotando-se paredes de espessuras diferentes, ou mesmo de materiais diferentes. Este proceder é comumente adotado em janelas ou visores com dois ou mais vidros para aumentar o isolamento acústico.

- Evitar o paralelismo das duas ou mais paredes é um recurso adicional, proceder usual também no caso de janelas e visores de vidro duplos ou mesmo triplos.

No caso de paredes de vidro, a absorção de energia sonora pode ser aumentada no intervalo entre as lâminas, colocando-se material absorvente na periferia e diminuindo-se a rigidez das lâminas por meio da montagem das mesmas em material resiliente como borracha ou feltro.

6.5 ATENUAÇÃO DE PAREDES COMPLEXAS OU COM ABERTURAS

As superfícies limítrofes dos ambientes, na maior parte das vezes, não são homogêneas, mas sim constituídas de diversos materiais que compõem a sua superfície total como tipos de alvenarias, madeiras, portas, janelas, etc.

Nestes casos, o coeficiente de transmissão t que vai definir a atenuação da superfície em consideração será igual à média ponderada dos coeficientes de transmissão $t_1, t_2, t_3, \ldots t_i$ das correspondentes parcelas de superfície $S_1, S_2, S_3, \ldots S_i$, que compõem a superfície total em consideração.

Caso parte dessa superfície total seja ocupada por uma abertura, da mesma forma podemos incluí-la na média ponderada citada, fazendo-se no caso o coeficiente de transmissão $t = 1$.

De modo que podemos fazer:

$$t = \frac{S_1 t_1 + S_2 t_2 + S_3 t_3 + \ldots S_i t_i}{S_1 + S_2 + S_3 + \ldots S_n} = \frac{\Sigma S_i t_i}{\Sigma S_i} \qquad (6.14)$$

E a atenuação nos seria dada da mesma forma pela equação geral:

$$R = 10 \log \frac{1}{t} = 10 \log \frac{\Sigma S_i}{\Sigma S_i t_i} \qquad (6.15)$$

Baseados nas considerações acima, podemos ressaltar a importância dos detalhes de vedação na obtenção de um bom isolamento acústico, com um simples exemplo: o buraco de 2 cm² de uma fechadura, numa porta de 2 m² de madeira de pinho de 3,5 cm de espessura, cuja atenuação para uma freqüência de 500 Hz (veja Tabela 6-2) nos é dada por R_1 = 20 log m + 6,6 = 20 log (840 × 0,035) + 6,6 = 36 dB, faria com que a mesma passasse a ter a seguinte atenuação:

$$R = 10 \log \frac{0,02 + 1,98}{0,02 \times 1 + 1,98 t_1}$$

Onde t_1 de acordo com a mesma equação geral vale:

$$t_1 = 10^{-R/10} = 0,00025$$

Isto é, R passaria a valer 19.9 dB, ou seja, com um simples orifício de 2 cm², a porta perderia 16,1 dB (45%) de sua capacidade de atenuação que era de 36 dB.

Mesmo que a porta tivesse uma atenuação muito maior, a área do buraco em relação à área total da porta é que estabeleceria a atenuação resultante que, no máximo, atingiria 10 log (S_2/S_1) = 20 dB.

A conclusão a que se chega é que, imperfeições ou soluções inadequadas podem comprometer todo um projeto de isolamento.

6.6 INFLUÊNCIA DA ABSORÇÃO NA ATENUAÇÃO DAS ESTRUTURAS DIVISÓRIAS

Analisamos até agora o isolamento acústico entre dois meios, por intermédio de estruturas divisórias, nas quais a atenuação era devida apenas à inércia de sua própria massa, citando o uso de materiais absorventes apenas naqueles casos em que a vibração das citadas estruturas, quando duplas, poderiam entrar em vibração forçada (ressonância).

Na realidade, os materiais absorventes, devido à sua estrutura porosa ou fibrosa, se constituem em redutores da energia sonora, a qual é transformada em energia térmica em virtude do atrito ocasionado pela viscosidade do ar.

Essa redução real de energia sonora, que aparece na forma de calor, é caracterizada pelo chamado coeficiente real de absorção que foi definido no item 3.3.

Nos materiais porosos, parte da energia acústica incidente, ao entrar pelos poros, sofre múltiplas reflexões e se perde por atrito, devido à viscosidade do ar, e se dissipa em forma de calor.

Nos materiais fibrosos, devido à mobilidade das fibras, é a vibração das mesmas que se atritam no ar ocasionando igualmente as perdas citadas em forma de calor.

Tanto nos materiais porosos como nos materiais fibrosos, é essencial a existência de vazios, que, pela passagem das ondas vibratórias, ocasionem o atrito analisado acima.

A caracterização da porosidade dos materiais que dispõem de vazios na sua massa é feita pelo chamado coeficiente de porosidade v', o qual é definido como sendo a relação entre o volume dos vazios e o volume total do material:

$$v' = \frac{V_{poros}}{V_{total}}$$

Este coeficiente, entretanto, não diz respeito ao tamanho dos poros.

Para caracterizar o tamanho dos poros, que é o responsável pelas perdas de carga dos fluxos de ar através dos mesmos, é usado o número de poros por cm linear para os materiais de porosidade uniforme, ou seja, espumas de uma maneira geral.

Assim, a resistividade ao fluxo de ar nos é dada por:

$$R = \frac{\Delta p}{c_x 1} \quad Ns/m^4 \quad (Rayl/m)$$

a qual vale cerca de 104 Ns/m^4 ou seja 10^4 Rayl por m de espessura.

Entretanto, do ponto de vista acústico, para materiais de alta porosidade (85% a 95%), podemos dizer que o valor do coeficiente de absorção a depende do tamanho dos poros R, da viscosidade do ar μ e da sua massa específica ρ, assim como da freqüência f, e nos é dado com boa aproximação pela equação 3.3, já apresentada no item 3.3.

Esta avaliação teórica, entretanto, conforme vimos, praticamente só se verifica no limite em que toda a energia sonora que atravessa o material esteja sujeita à absorção.

Isto só ocorre quando a espessura do material absorvente pode conter, no mínimo, o meio comprimento de onda da componente de mais baixa freqüência do ruído:

$$1 = \frac{c}{2f_{min}} = \frac{\lambda}{2}$$

Este valor, entretanto, é muito grande, de modo que, na prática, prefere-se afastar o material absorvente da superfície da estrutura isolante de $\lambda/4$ e adotar uma espessura também de até $l = \lambda/4$.

Os materiais de absorção mais usados são:

1. **Espumas de polímeros** — a espuma de poliuretano é a mais comum, devido à sua resistência térmica e estabilidade ao calor.

2. **Lã de vidro ou mesmo lã de rocha** — cuja resistência ao calor é ainda superior à do poliuretano, mas que apresenta o inconveniente de ser prejudicial ao contato, devendo na maior parte das vezes ser protegida por meio de resinas ou chapas perfuradas.

   Sua resistência mecânica é pequena, de modo que a sua estruturação em espessuras maiores deve ser assegurada por meio de suportes adicionais.

3. **Chapas de fibra de madeira aglomerada** (tipo Eucatex ou similares) — bastante comuns e que têm um coeficiente de absorção ainda bastante elevado (veja as Tabelas 3-4, 3-5 e 3-6).

4. **Chapas de vermiculita expandida** — confeccionadas com material mineral constituído de silicatos de alumínio e magnésio que, expandido por aquecimento, apresenta uma estrutura lamelar porosa de baixa densidade (cerca de 400 kg/m^3).

Assim, devido ao efeito de absorção real da energia sonora, esses materiais podem contribuir para uma atenuação do som a qual nos será dada por:

$$R = 10\log\frac{1}{1-a} \quad dB \tag{6.16}$$

Atenuação acústica, no caso, ocorre ao se adotar uma espessura de material absorvente adequada, que poderá contribuir na prática com valores de até cerca de 10 dB por camada, na atenuação das estruturas divisórias isolantes analisadas anteriormente.

6.7 ESTRUTURAS FONOISOLANTES

Analisaremos neste item estruturas de paredes, de pisos, de forros, de enclausuramentos, de janelas, de portas, isto é, de painéis divisórios de uma maneira geral, destinados ao isolamento acústico.

Assim, serão abordados os detalhes construtivos, e a atenuação acústica para a freqüência de referência de 500 Hz dos diversos tipos de estruturas que limitam, ou podem ser usadas como isolamento acústico dos diversos ambientes de nossas construções.

Para facilitar o cálculo das atenuações, devidas ao efeito da inércia, incluímos a Tabela 6-3 que nos fornece os valores das massas específicas dos diversos materiais usados nas construções atuais.

TABELA 6-3 — Massa específica dos materiais de construção

Material	$\rho kg/m^3$
Alvenaria de tijolos cerâmicos cheios	1600
Alvenaria de tijolos cerâmicos furados (50%)	800
Reboco comum de argamassa de cal ou similar	1800
Argamassa de cimento e areia	2000
Concreto	2400
Pedra de granito	2750
Pedra de basalto	2600
Pedra de grês (arenito)	2300
Mármore	2600
Concreto celular	300 a 600
Gesso	1200
Terra seca	1700
Revestimentos de cerâmica das paredes	1800
Revestimentos de cerâmica dos pisos	1900
Madeira balsa	200
Madeiras leves (pinus)	300 a 450
Madeira pinho	550
Madeiras médias	500 a 1000
Madeira eucalipto	900 a 1100
Madeiras pesadas (ipê, cabriúva, etc.)	1000 a 1500
Vidro	2500
Chumbo	11370
Aço	7800
Alumínio	2700
Borracha	1100
Borracha esponjosa	25
Plástico	
Plástico esponjoso	80
Cortiça	200
Feltro	320
Serragem	200
Asfalto	2120
Lã de vidro	25 a 400
Lã de rocha	70 a 200
Papel	700 a 1000
Papelão	650
Amianto	500 a 700
Poliestireno expandido	> 22
Espuma de poliuretano	20 a 60
Madeira aglomerada de baixa densidade	200 a 500
Madeira aglomerada de alta densidade	500 a 900
Madeira aglomerada tipo MDF	600

6.7.1 PAREDES

Para o caso de paredes de tijolos cerâmicos cheios rebocadas nos dois lados, a atenuação é devida unicamente ao efeito de inércia, de modo que, de acordo com a equação 6.3 e demais considerações que constam no item 6.2, podemos relacionar as atenuações válidas com segurança para as freqüências de 500 Hz que constam da Tabela 6-4:

TABELA 6-4 — Atenuação de paredes simples de tijolos cerâmicos

Parede de tijolos cerâmicos com reboco de 2,5 cm. Nos dois lados	l cm	m kg/m²	R dB
Cutelo	10	170	45
Meio tijolo	15	250	48
Um tijolo	25	410	52

Da mesma forma, poderíamos obter as atenuações para outros tipos de paredes como as alvenarias de pedra ou mesmo as paredes maciças de concreto (veja Tabela 6-5):

TABELA 6-5 — Atenuação de paredes especiais de pedra ou concreto

Parede simples	l cm	m kg/m²	R dB
Pedra de granito	22	605	56
Pedra de granito	45	1.237	62
Pedra de basalto	22	572	55
Pedra de grês	22	506	54
Concreto	10	240	48
	15	360	51
	20	480	54

No caso de paredes duplas separadas por uma camada de ar, eventualmente amortecidas internamente para evitar a ressonância entra as mesmas, de acordo com a equação 6.11 e demais considerações do item 6.4, teríamos as atenuações registradas na Tabela 6-6.

TABELA 6-6 — Atenuação de paredes duplas

Paredes duplas	l cm	m kg/m²	R dB
Alvenarias de tijolos rebocadas em 1 face	7,5 + 7,5	125 + 125	90
	12,5 + 12,5	205 + 205	98
	22,5 + 22,5	365 + 365	108
Alvenarias de pedras de granito	22 + 22	605 + 605	118
Alvenarias de pedras de basalto	22 + 22	572 + 572	116
Alvenarias de pedras de grês	22 + 22	506 + 506	114
De concreto	10 + 10	240 + 240	102
	15 + 15	360 + 360	108
	20 + 20	480 + 480	114

Infelizmente esses bons resultados vão depender da perfeita independência das duas paredes, as quais, na prática, ficam muito comprometidas nos apoios, embora este problema possa ser amenizado, adotando-se na base das paredes materiais resiliente.

Casos especiais de estruturas fonoisolantes são as estruturas constituídas de materiais absorventes, nas quais, além do efeito de inércia do material, ocorre o fenômeno da redução do nível de ruído pela absorção de parte da energia sonora que atravessa o material.

É o caso das paredes registradas na Figura 3, em que as atenuações correspondentes obtidas experimentalmente, para a freqüência de referência de 500 Hz, aparecem registradas entre parênteses.

Como podemos notar, os itens A, B, e C representam as soluções das paredes simples registradas na Tabela 6-4.

Os itens D, E, F e G representam paredes triplas ou duplas, mas com espaçadores rígidos que tornam a atenuação do conjunto, apenas cerca de 3 dB por cada câmara de ar sem material absorvente, superior à atenuação devida à inércia pura do sistema, e cerca de 6 dB por cada câmara de ar provida de superfície absorvente, superior à atenuação devida à inércia pura do sistema.

Já os itens H, I e J, representam paredes duplas, mas sem ligações rígidas de espaçadores com o que se conseguiu na câmara de ar uma atenuação adicional de 12 dB ou até mesmo 18 dB (naquela provida de feltro solto entre as paredes), acima da atenuação devida à inércia pura do conjunto, embora mostrando claramente, de acordo com a equação 6.13, a interação ainda existente entre as duas seções das paredes duplas aqui analisadas.

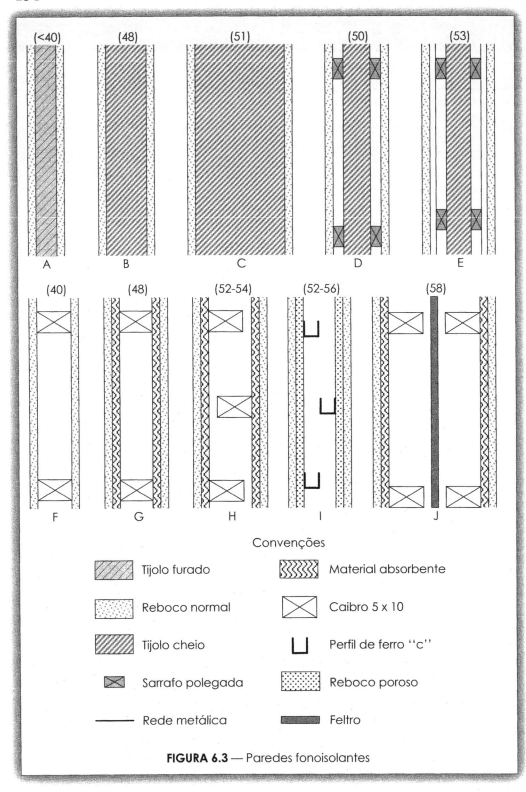

FIGURA 6.3 — Paredes fonoisolantes

Isolamento Acústico

6.7.2 PISOS

Nos prédios tanto residenciais como industriais de vários andares, a transmissão do som através dos pisos, em virtude dos níveis sonoros envolvidos, é de grande importância técnica.

Realmente, os ruídos normais das atividades domésticas ou industriais, no caso dos pisos, ficam acrescidos pelos inevitáveis ruídos de impacto, devidos ao movimento das pessoas, transporte de materiais, etc.

Por outro lado, as estruturas de separação usadas não podem ser simplesmente gravitacionais como acontece com as paredes, pois devem absorver também esforços de flexão, de modo que obrigatoriamente deverão ser feitas de madeira, de aço ou de concreto armado.

Além disso, a fim de atenuar também ruídos de impacto, os pisos devem ser flutuantes, o que consiste basicamente na introdução de um material resiliente e ou absorvedores de vibrações entre a estrutura resistente de madeira, de aço ou concreto armado e o contrapiso.

Quando usados materiais resiliente, estes podem ser o poliestireno expandido, cortiça ou borracha de baixa densidade.

Quanto às estruturas em si, as estruturas inerciais como as de concreto armado são as mais indicadas, pois aliam uma boa resistência mecânica a uma atenuação que com o aumento da espessura pode atingir valores apreciáveis.

Assim, obteríamos com uma espessura de 10 cm de concreto armado uma atenuação de no mínimo 48 dB, com 15 cm este valor passaria para 51 dB e com 20 cm poderíamos obter facilmente uma atenuação garantida de 54 dB.

Em alguns casos, entretanto, a redução do peso da estrutura é inevitável, de modo que somos obrigados a recorrer a estruturas fonoisolantes mais leves.

Assim, podemos citar as estruturas que constam da Figura 6.4, usadas como pisos, nas quais constam as suas correspondentes atenuações aproximadas, determinadas experimentalmente para a freqüência de referência de 500 Hz.

Podemos notar, por exemplo, no item Q, que uma atenuação superior a 65 dB pode ser obtida, inclusive considerando os ruídos de impacto, com uma estrutura de massa total de 650 kg/m^2 com um total de 65 cm, atenuação essa que teria como equivalente em concreto armado, uma estrutura compacta de 74 cm de espessura, pesando 1.780 kg/m^2.

A Figura 6.4 mostra também soluções práticas para o isolamento acústico de forros.

6.7.3 ENCLAUSURAMENTOS

Casos especiais de estruturas divisórias são aquelas destinadas ao enclausuramento de máquinas ruidosas em ambientes industriais. Com o objetivo de evitar a usura das superfícies aparentes, o material normalmente usado nestes casos é a chapa de aço, tanto interna como externamente.

Uma solução bastante econômica e eficiente são os painéis fonoisolantes representados nas Figuras 6.5 e 6.6, onde são usados.

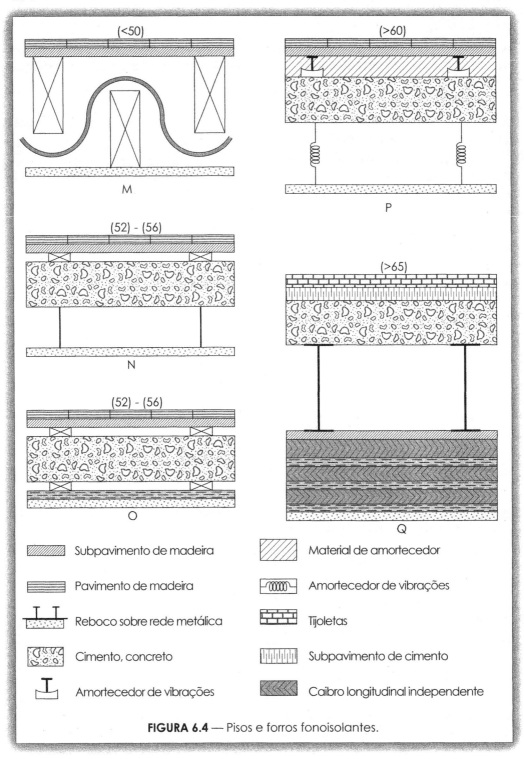

FIGURA 6.4 — Pisos e forros fonoisolantes.

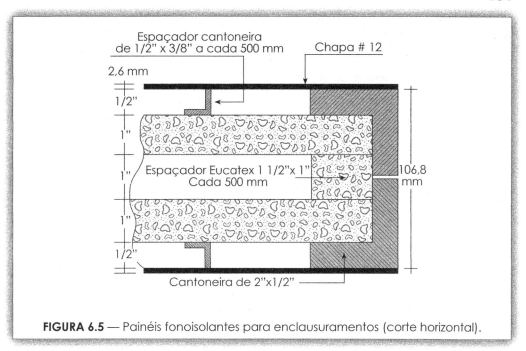

FIGURA 6.5 — Painéis fonoisolantes para enclausuramentos (corte horizontal).

- Na periferia, cantoneiras de aço duplas de 2" × 1/2".
- Nas superfícies externas e internas, chapa de aço de #12 (2,6 mm) com 21,36 kg/m^2 com reforços de cantoneiras de aço de 1/2" × 3/8" cada 500 mm.

Com duas chapas internas de 1" de Eucatex de 7,5 kg/m^2 espaçadas com calços de 1 1/2" × 1" do mesmo material cada 500 mm.

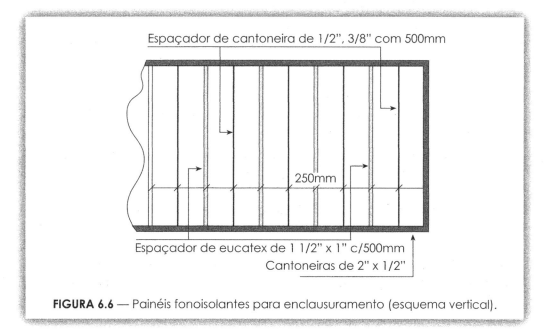

FIGURA 6.6 — Painéis fonoisolantes para enclausuramento (esquema vertical).

Com tal montagem, obtém-se uma atenuação para a freqüência de referência de 500 Hz de no mínimo 53 dB.

Para isso, as ligações desses painéis entre si e as fundações devem ser feitas com lâminas contínuas de borracha de 1" de espessura.

A alimentação ou retirada de materiais deve ser feita, se contínua, por meio de túneis de material absorvente com atenuação equivalente à citada, o mesmo devendo ocorrer com as tomadas e saídas do ar de ventilação do sistema (veja item 6.8).

Da mesma forma, a porta de acesso para manutenção ou visores para observação devem apresentar características de isolamento acústico compatível com o enclausuramento pretendido (veja itens 6.7.5 e 6.7.4).

6.7.4 PORTAS

As portas comumente usadas em nossas habitações são de madeira aglomerada contraplacada, ou de madeira terceada de densidade da ordem de 500 kg/m^3 e de espessura igual ou inferior a 3,5 cm, que apresentam uma atenuação acústica que não atinge os 20 dB.

Para obter-se uma atenuação acústica mais elevada, as portas devem ser maciças de madeira pesada (> 1000 kg/m^3) e serem instaladas com uma série de cuidados.

Assim, as portas para a obtenção de uma boa atenuação devem ter uma boa vedação, com batentes de material elástico (borracha ou feltro de espessura adequada para uma boa vedação) em toda a sua periferia, mesmo no piso e, não devem apresentar orifícios, nem os de uma fechadura.

Nestas condições, uma porta normal de 3.5 cm de espessura, maciça e homogênea poderia atingir uma atenuação para a freqüência de 500 Hz de 31 dB a 37 dB.

Para maiores atenuações, o recurso imediato seria adotar portas maciças de madeira pesada, instaladas com os cuidados já citados e com uma espessura de 5 cm, com o que se garantiria uma massa de no mínimo 50 kg/m^2, com uma perspectiva de atenuação de 34 dB a 40 dB.

Caso as atenuações desejadas forem superiores a 40 dB, em vez de aumentar a espessura das portas, o que as tornariam muito pesadas, é preferível recorrer a solução de portas duplas afastadas entre si de cerca de 20 cm.

Nestas condições, adotando-se o recobrimento integral do espaçamento entre as mesmas com material absorvente de coeficiente de absorção elevado, a atenuação alcançada pode atingir facilmente os 80 dB.

O fecho dessas portas deve ser de pressão semelhante aos adotados em câmaras frigoríficas, e os batentes contínuos devem ser de borracha com elasticidade suficiente para permitir um fechamento completamente estanque.

Para reduzir o peso das portas de madeira de maior espessura, podem ser usados painéis fonoisolantes semelhantes aos adotados nos enclausuramentos de máquinas (veja item 6.7.3.

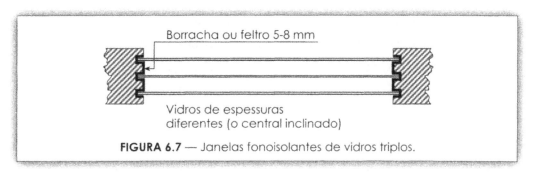

FIGURA 6.7 — Janelas fonoisolantes de vidros triplos.

6.7.5 JANELAS E VISORES

Como as janelas ou visores são providos necessariamente de vidros, estes é que vão limitar a atenuação obtida pelas mesmas.

Assim, lembrando que os vidros têm uma massa específica média de 2.500 kg/m^3, podemos calcular a sua provável atenuação a partir da lei das massas dada pela equação 6.5 para uma freqüência de 500 Hz, em função das suas espessuras mais comuns na praça (Tabela 6-7):

TABELA 6-7 — Atenuação de janelas de vidro simples		
Espessura do vidro **Mm**	**m** **kg/m^2**	**R** **dB**
3	7,5	17,5 a 24,0
4	10,0	20,0 a 26,6
5	12,5	22,0 a 28,5
6	15,0	23,5 a 30,0
10	25,0	28,0 a 34,5

Sendo uma placa sujeita a vibrações, os vidros para um bom isolamento acústico devem ser apoiados em toda a sua periferia em material elástico (borracha ou feltro de espessura adequada para um bom amortecimento — cerca de 5 a 8 mm) a fim de não entrarem em vibração forçada (ressonância) que comprometeria sua capacidade de atenuação.

Para atenuações mais elevadas do que as registradas na Tabela 6-7, podemos recorrer a janelas ou visores de vidros duplos ou mesmo triplos.

Nestes casos, a orientação mais correta seria adotar vidros de espessuras diferentes e não manter o paralelismo entre eles, colocando-se ao mesmo tempo material absorvente, semelhante ao usado nos apoios dos mesmos, em todos os intervalos existentes na periferia destes vidros (Figura 6.7).

Nestas condições, tomando-se todos os cuidados já apontados, de acordo com a equação 6.11 poderíamos obter com bastante segurança, nas montagens sugeridas na relação da página seguinte, as atenuações para freqüências iguais ou superiores a 500 Hz.

Janelas duplas de vidros de 3 + 4 mm .... 37,5 dB a 50,6 dB

Janelas duplas de vidros de 6 + 10 mm .... 51,5 dB a 64,5 dB

Janelas de vidros triplos de 4 + 3 + 4mm .... 57,5 dB a 77,2 dB

Janelas de vidros triplos de 6 +10 + 6mm .... 75,0 dB a 94,5 dB

Observação: para uma montagem bastante acurada, com vidros temperados, de acordo com as fórmulas apontadas, poderíamos chegar a valores 6 dB superiores aos máximos apontados para o caso de vidros duplos, e a valores 12 dB superiores aos máximos apontados para o caso de vidros triplos.

6.8 ISOLAMENTO ACÚSTICO RESISTIVOS NOS DUTOS

A solução mais simples para obter-se a atenuação acústica dos ruídos que se propagam pelos dutos de ventilação e de ar-condicionado consiste em revesti-los internamente com material absorvente (isolamento resistivo).

Tal proceder, além de reduzir os ruídos inerentes a esses sistemas, atende, na maior parte dos casos, o indispensável isolamento térmico dos mesmos.

Quando a dimensão básica dos dutos (raio ou largura) é inferior à metade do comprimento da onda sonora (para 500 Hz seria 0,34 m), conforme veremos ao analisar o isolamento reativo, as únicas ondas que se propagam livremente nos dutos são as ondas planas, e a redução da intensidade energética ao longo do mesmo nos seria dada por:

$$\Delta I = e^{ax} \text{ dB}$$

E a atenuação acústica correspondente seria:

$$R = 10\, ax \log e = 4{,}34\, ax \text{ dB}$$

Entretanto, para atender aos casos mais comuns na prática, em que ocorrem nos dutos ondas acústicas refletidas transversais, Sabine estabeleceu a fórmula experimental:

$$R = 1{,}05 a^{1{,}4} \frac{P}{\Omega} x \quad dB \tag{6.17}$$

Onde: a = o coeficiente de absorção do material usado para revestir o duto
P = o perímetro do material absorvente
Ω = a seção de passagem do ar do duto
x = o comprimento do duto

Os valores obtidos pela equação 6.17, entretanto, são válidos com exatidão aceitável para as baixas freqüências.

Por outro lado, como a atenuação é diretamente proporcional à relação P/Ω, o aumento do perímetro de contato com o material absorvente, sem comprometer excessivamente

Isolamento Acústico

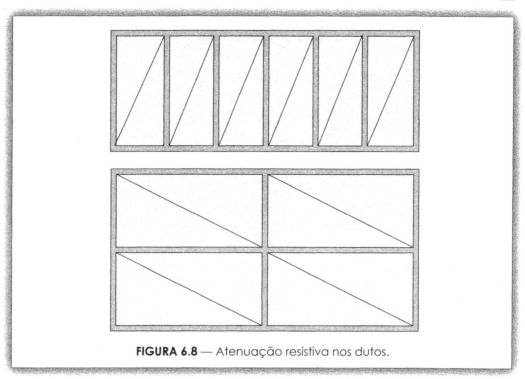

FIGURA 6.8 — Atenuação resistiva nos dutos.

a seção de passagem do ar, cuja perda de carga mecânica é proporcional ao quadrado da velocidade, é a orientação que deve ser seguida num projeto de silenciador resistivo para os dutos de ar.

Assim, podem ser adotadas as disposições que constam na Figura 6.8, todas elas com o objetivo de aumentar P.

Diferentes dos silenciadores apresentados até aqui são os silenciadores tipo câmara, nos quais além da atenuação ocasionada pelas variações das seções de entrada e saída, há mudanças de direção e a atenuação provocada pelo efeito das múltiplas reflexões (veja Figura 6.9).

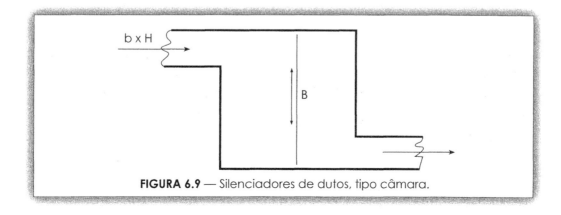

FIGURA 6.9 — Silenciadores de dutos, tipo câmara.

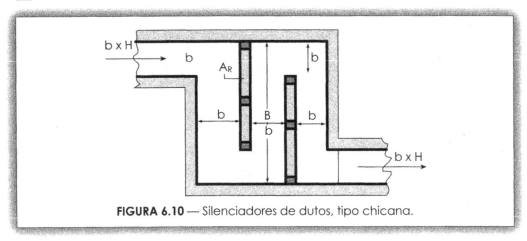

FIGURA 6.10 — Silenciadores de dutos, tipo chicana.

A atenuação, nesse caso, vai depender da superfície com revestimento absorvente, coeficiente de absorção do material empregado, da largura da câmara e dimensões dos dutos de entrada e saída.

Uma variante do silenciador tipo câmara é a chicana, de emprego bastante difundido (veja Figura 6.10), a qual nada mais é do que uma série de câmaras formando um labirinto.

Nestas chicanas chamando de b a largura do duto retangular tanto de entrada como de saída, B a largura total de cada segmento e a o coeficiente de absorção do material de revestimento utilizado, podemos dizer que o coeficiente de transmissão devido à variação de seção HB para Hb nos é dado por $t_1 = b/B$, enquanto o coeficiente de transmissão devido às reflexões múltiplas nos seria dado de uma maneira simplista por $t_2 = (1-a)^{B/b}$, de modo que podemos calcular a atenuação ocasionada por uma chicana de n segmentos, pela expressão aproximada 6.18, na qual ainda foi considerada uma correção para atender às mudanças de direção:

$$R \cong 10n\left(\log\frac{B}{b(1-a)^{B/b}}+0,2\right) \; dB \qquad (6.18)$$

A Tabela 6-8 registra a expectativa de atenuações a serem obtidas com cada segmento de chicana em função da relação B/b e do coeficiente a do material absorvente utilizado.

TABELA 6-8 — Atenuação de cada segmento de uma chicana, em função do coeficiente de absorção do material empregado e da relação de larguras B/b

B/b	2	3	4	5
R para a = 0,7	15,2	22,5	29,0	35,0
R para a = 0,5	11,0	15,8	20,0	24,0

Isolamento Acústico 113

6.9 ISOLAMENTO ACÚSTICO REATIVO NOS DUTOS

O isolamento que apresentamos no item anterior era baseado unicamente no uso de materiais absorventes (isolamento resistivo).

O isolamento reativo é baseado na formação de ondas estacionárias, que ocorre quando um dispositivo ou o fluido nele contido entra em vibração forçada e está excitado por uma determinada freqüência.

O isolamento reativo, ao contrário do resistivo, depende unicamente da forma ou dimensões geométricas do dispositivo onde se dão as ondas estacionárias.

Quando uma onda sonora se propaga por um duto, verifica-se que, para freqüências determinadas f_n, o duto é sede de ondas estacionárias.

Para um duto de diâmetro d, as freqüências f_n nos são dadas por:

$$f_n = n\frac{c}{2d} \quad \text{Hz} \tag{6.19}$$

Assim, quando uma fonte excita o fluido do duto, somente os sons de freqüências $f > c/2d$ se propagam normalmente ao longo do duto, enquanto as freqüências $f < c/2d$ sofrem uma atenuação exponencial a partir da fonte.

Por outro lado, a onda plana (sem ondas estacionárias $n = 0$) propaga-se mesmo para freqüências $f < c/2d$.

A conclusão a que se chega é que somente ondas planas se podem propagar abaixo da freqüência $f = c/2d$, o que torna os dutos amortecedores naturais para as baixas freqüências.

Assim, para dutos de diâmetro igual a 0,5 m a atenuação se verifica para freqüências inferiores a 344 Hz a qual toma o nome de freqüência de corte do duto considerado.

Num duto retangular de seção uniforme ($a \times b$), as freqüências estacionárias nas duas dimensões seriam dadas por:

$$f_{m,n} = \sqrt{\left(\frac{mc}{2a}\right)^2 + \left(\frac{nc}{2b}\right)^2} \quad \text{Hz} \tag{6.20}$$

E a freqüência de corte nos seria dada para $a > b$ por:

$$f_{1,0} = \frac{c}{2a} \quad \text{Hz}$$

Quanto aos acessórios das canalizações, de uma maneira geral as perdas de transmissão da energia sonora estão relacionadas com as perdas de pressão mecânica do escoamento dos fluidos (para mais detalhes veja mecânica dos fluidos de ECC).

Assim, para uma redução de seção de Ω_1 para Ω_2, a energia sonora sofre uma redução, a qual pode ser caracterizada pelo coeficiente de transmissão t que para o caso vale:

$$t = \frac{4\Omega_1 \Omega_2}{(\Omega_1 - \Omega_2)} \tag{6.21}$$

Entretanto, quando $\lambda < d$ este valor passa a ser:

$$t = \frac{\Omega_1}{\Omega_2} \tag{6.22}$$

Igualmente, na saída dos dutos sem flange, as perdas de energia sonora, a semelhança das perdas de energia mecânica podem ser caracterizadas pelo coeficiente de transmissão:

$$t = \frac{\pi^2 d^2}{\lambda^2} \tag{6.23}$$

Ou ainda, na saída dos dutos providos de flange:

$$t = \frac{2\pi^2 d^2}{\lambda^2} \tag{6.24}$$

6.10 SILENCIADORES REATIVOS NOS DUTOS

O princípio de funcionamento dos isoladores reativos, silenciadores ou mesmo ressonadores, é baseado na reflexão das ondas sonoras que, em parte, retornam para a fonte, de modo que a energia sonora que continua no duto fica atenuada.

Dizemos que um duto entra em ressonância para uma determinada freqüência — chamada freqüência de ressonância — quando a transmissão da energia sonora propagada através do duto aberto atinge o máximo.

A freqüência fundamental de ressonância de um duto aberto é a do som, cujo comprimento de onda é igual a 2 vezes o seu comprimento l'.

Sendo l' o comprimento de duto corrigido devido à boca de saída, de acordo com a expressão:

$$l' = l + (4 \text{ ou } 8)d/3\pi \tag{6.25}$$

Nessa expressão, o 4 vale para dutos sem flange, e o 8 vale para os dutos flangeados.

Na realidade, o duto pode entrar em ressonância, isto é, apresentar picos máximos de pressão sonora também para as harmônicas ímpares da freqüência fundamental, de modo que, de uma maneira geral, podemos dizer que as freqüências de ressonância dos dutos abertos nos são dadas por:

$$f_0 = \frac{(2n-1)c}{2l'} \quad \text{Hz} \tag{6.26}$$

Para o caso de dutos com a boca de saída fechada, a freqüência de ressonância é a metade da correspondente a um duto aberto com comprimento real l, de modo que teríamos:

$$f_0 = \frac{(2n-1)c}{4l} \quad \text{Hz} \tag{6.27}$$

FIGURA 6.11 — Dutos com abertura lateral.

Quando um duto apresenta uma abertura lateral, ocorre uma perda de transmissão da energia sonora, parte devido ao som que abandona o duto através da abertura, e parte devido à inércia do fluido contido na própria abertura.

Para valores de $\pi d/\lambda \ll 1$, a parcela que abandona o duto através da abertura pode ser desprezada, e a atenuação que se obtém será dada por (Figura 6.11):

$$R = 10\log\left[1+\left(\frac{\lambda d^2}{16\Omega l'}\right)^2\right]$$
(6.28)

Portanto, a simples abertura lateral em um duto atua como um filtro *passa alto* que atenua as ondas sonoras cujo comprimento de onda $\lambda \gg \pi d$ (baixas freqüências).

Quando, entretanto, $l \gg \lambda$ a atenuação passa a ser dada por:

$$R = 10\log\left(1+0{,}25\cot g^2 \frac{2\pi l'}{\lambda}\right)$$
(6.29)

Expressão que apresenta um máximo para os valores de $\lambda = 2l'/n$, e tem valores mínimos para $\lambda \cong 4l'/(2n-1)$.

Portanto, uma abertura lateral com $l \gg \lambda$ atua como um filtro *passa banda* para as freqüências próximas de $f = c(2n-1)/4l'$, e *para banda* para freqüências próximas de $f = cn/2l'$.

Por outro lado, quando um duto apresenta uma abertura lateral com conduto fechado, a atenuação assume a expressão:

$$R = 10\log\left(1+0{,}25\,\text{tg}^2 \frac{2\pi l}{\lambda}\right)$$
(6.30)

A qual passa a apresentar um máximo para valores de $\lambda = 4l\,(2n-1)$ e tem valores mínimos para $\lambda \cong 2l/n$.

Portanto, uma abertura lateral com conduto fechado atua como um silenciador *para banda* para as freqüências próximas de $f = c(2n-1)/4l$, e *passa banda* para as freqüências próximas de $f = cn/2l$.

Os ressonadores de Helmholtz podem ser usado nas aberturas laterais dos dutos, para intensificar o seu efeito de amortecimento do som.

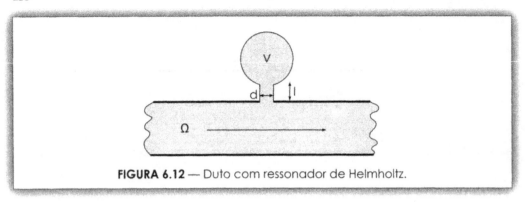

FIGURA 6.12 — Duto com ressonador de Helmholtz.

Esses ressonadores são constituídos de uma câmara de volume V, ligado ao duto por meio de um conduto de seção Ω_s e comprimento l (Figura 6.12).

O ressonador de Helmholtz entra em ressonância para a freqüência fundamental:

$$f_0 = \frac{c}{2\pi}\sqrt{\frac{\Omega}{Vl'}} \qquad (6.31)$$

E apresenta uma atenuação dada pela expressão:

$$R = 10\log\left[1 + \left(\frac{\Omega_s V/l'}{2\Omega(f/f_0 - f_0/f)}\right)^2\right] \qquad (6.32)$$

Assim, para a freqüência $f = f_0$, a atenuação dada pela equação teórica 6.32 é infinita.

Na realidade, o que acontece é que para freqüências próximas da freqüência de ressonância ($0{,}7 f_0$ a $1{,}3 f_0$) as expectativas de atenuações são bem elevadas.

Portanto, para essas freqüências os ressonadores de Helmholtz quando instalados em dutos, atuam como filtros *para banda*.

Tomando como exemplo um ressonador de Helmholtz de V = 1 litro (0,001 m³), ligado ao duto por meio de um conduto de diâmetro d = 2 cm (0,02 m) com comprimento de l = 5 cm (0,05 m), de acordo com a Figura 6.12, podemos considerar o conduto de ligação ao duto como flangeado na entrada da câmara, de modo que teremos:

$$l' = 1 + 8d/3\pi = 0{,}05 + 0{,}017 = 0{,}067 \text{ m}$$

$$f_0 = \frac{c}{2\pi}\sqrt{\frac{\Omega_s}{Vl'}} = \frac{344 \text{ m/s}}{2\pi}\sqrt{\frac{0{,}000314}{0{,}001 \text{ m}^3 \times 0{,}067 \text{ m}}} = 119 \text{ Hz}$$

De modo que podemos dizer que o ressonador em consideração é um filtro amortecedor eficiente para as freqüências compreendidas aproximadamente entre 83 z e 155 Hz.

Caso seja usada uma câmara ligada à lateral do duto por meio de n condutos, para freqüências próximas às freqüências de ressonância, a atenuação obtida seria, aproximadamente acrescida de $\Delta R = 20 \log n$.

Isolamento Acústico 117

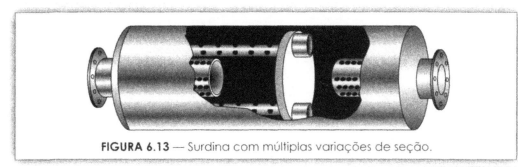

FIGURA 6.13 — Surdina com múltiplas variações de seção.

6.11 SURDINAS

Surdinas são equipamentos adotados como atenuadores nas descargas ruidosas de fluidos para a atmosfera. Por exemplo, descargas dos motores de combustão interna, descarga de vapores de caldeiras, etc.

Esses dispositivos trabalham, na maior parte das vezes, em altas temperaturas, e o princípio de seu funcionamento é basicamente a redução dos ruídos por meios reativos.

As surdinas mais comuns são as que usam múltiplas variações de seção (veja item 6.9) ou então, ressonadores de Helmholtz (veja item 6.10).

A Figura 6.13 nos mostra uma surdina baseada no isolamento reativo obtido por meio de múltiplas mudanças de direção adotada usualmente na descarga de motores de combustão interna.

A atenuação obtida por esses silenciadores pode ser melhorada com a colocação de lã de vidro no seu interior, e o seu valor é de difícil equacionamento, de modo que a sua determinação normalmente é feita experimentalmente.

A Figura 6.14, por sua vez, nos mostra uma surdina baseada no isolamento reativo ocasionado por ressonadores de Helmholtz, usados normalmente na descargas de vapores.

Casos especiais são as descargas de vapores de alta pressão, provocadas pelas velocidades sônicas e mesmo supersônicas que atingem quando simplesmente liberadas para a atmosfera.

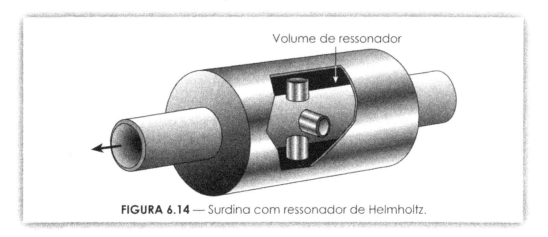

FIGURA 6.14 — Surdina com ressonador de Helmholtz.

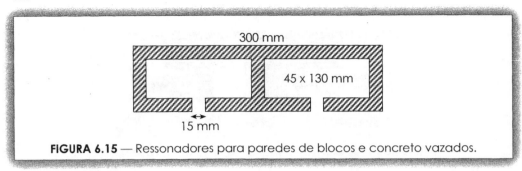

FIGURA 6.15 — Ressonadores para paredes de blocos e concreto vazados.

Nesses casos, é interessante expandir o fluido, por meio de uma tubeira de **laval** (conduto convergente divergente), no qual numa primeira etapa a pressão é transformada em velocidade (supersônica, se a relação de expansão for inferior a 0,528 para o ar ou 0,546 para o vapor de água).

Numa segunda etapa, essa velocidade com a continuação do conduto divergente, além da pressão de saída (pressão atmosférica), é quebrada passando o fluido a uma velocidade bastante inferior a do som (25 m/s a 50 m/s), ocasião em que o sistema sofre um ruidoso choque de pressão, o qual pode ser amortecido por surdinas semelhantes as já citadas, antes de ser descarregado para a atmosfera (para mais detalhes, veja *Mecânica de fluidos* da Editora Globo, 1973).

6.12 ATENUAÇÃO DO SOM NOS AMBIENTES POR MEIO DE PAINÉIS REATIVOS

Conseguir grandes atenuações dos sons de baixas freqüências, por meio de materiais absorventes, é bastante difícil, de uma maneira geral devido aos baixos valores dos coeficientes de absorção desses materiais para tais freqüências.

Entretanto, usando tecnologia semelhante à já analisada na atenuação do som nos dutos por meios reativos, podemos conseguir grandes amortecimentos dos ruídos de baixas freqüências que incidem nas superfícies que limitam os ambientes em geral.

A primeira solução são os ressonadores de Helmholtz para as paredes.

Esses ressonadores são constituídos de blocos de concreto vazado (Figura 6.15) ou mesmo tijolos cerâmicos furados (Figura 6.16)

No caso dos blocos de concreto com superfície porosas, como os da Figura 6.15, podemos conseguir coeficientes de absorção aparente superiores a 0,8 para freqüências de 150 Hz a 300 Hz.

No caso dos tijolos cerâmicos vazados, como os da Figura 6.16, os coeficientes de absorção são também bastante elevados para freqüências de 200 Hz a 300 Hz.

A segunda solução é o uso de painéis vibrantes (Figura 6.17)

Na prática, os painéis vibrantes são executados com uma placa retangular de madeira de pequena espessura fixada nas bordas a uma distância L da superfície cuja absorção se deseja corrigir (parede).

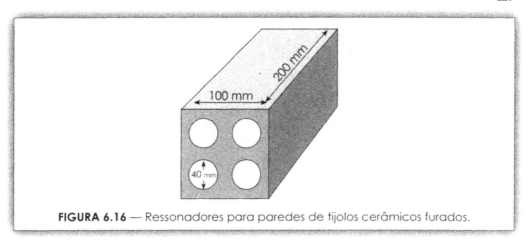

FIGURA 6.16 — Ressonadores para paredes de tijolos cerâmicos furados.

A freqüência de ressonância do sistema pode ser calculada com boa aproximação pela expressão:

$$f_0 = \frac{c}{2\pi}\sqrt{\frac{\rho}{mL}} \cong \sqrt{\frac{50}{mL}} \qquad (6.33)$$

Onde: m é a massa por unidade de superfície do painel kg/m^2;
L é a distância à parede m;
ρ é a massa especifica do fluido entre o painel e a parede (ar – 1,2 kg/m^3).

A atenuação que se consegue com estes painéis é bastante elevada para freqüências próximas à de ressonância, e a energia dissipada entre o painel e a parede, pode ser aumentada, preenchendo-se o espaço do ar com material absorvente como a lã de vidro.

Outra solução é o uso de painéis perfurados com material absorvente no espaço de ar compreendido entre o painel e a parede, que alia as vantagens do aumento da absorção ocasionada pelo painel vibrante com o ressonador de Helmholtz (Figura 6.18).

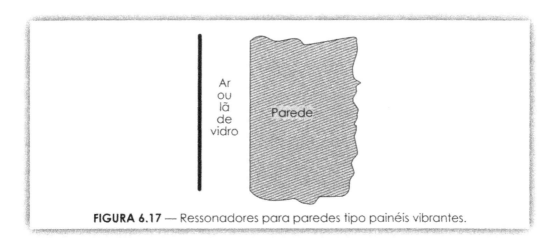

FIGURA 6.17 — Ressonadores para paredes tipo painéis vibrantes.

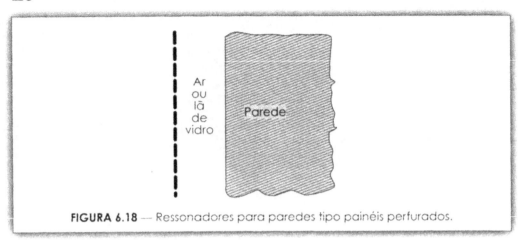

FIGURA 6.18 — Ressonadores para paredes tipo painéis perfurados.

Nestes painéis a freqüência de ressonância passa a ser:

$$f_0 = 50\sqrt{\frac{P}{L(1+0,8d)}} \tag{6.34}$$

Onde: P = a parcela de vazios do painel;
L = a distância do painel à parede;
l = a espessura do painel;
d = o diâmetro dos furos.

Assim para: $P = 0,1$, $L = 50$ mm, $l = 3$ mm e $d = 5$ mm, podemos calcular a freqüência de ressonância $f_0 = 854$ Hz, freqüência na qual a absorção aparente do painel com lã de vidro no espaço de ar, entre o mesmo e a parede, já atinge um valor superior a 0,8.

BIBLIOGRAFIA

BERANEK, L. L. *Noise and Vibration Control*, Nova York, McGraw-Hill Book Co., 1971.

BRÜEL KLAER, *Vibration Measurement*, Copenhagen, 1951.

CONTURIE, L. *L'acoustique dans les Batiments*, Paris, Ed. Eyrolles, 1955.

COSTA, E. C. *Mecânica dos Fluidos*, Porto Alegre, Globo, 1973.

_____. *Termodinâmica, Parte I — Gases e Vapores*, Porto Alegre, Globo, 1971.

FAGIANI, Dalberto. *Lineamenti di Acústica Applicata*, Milano, Politécnica Tamburini, 1946.

GERGES, S. N. Y. *Ruído, Fundamentos e Controle*, Florianópolis, SC., IU, UFSC, 1992.

HARRIS, C. M. and CREDE, C. E. *Shock and Vibration*, Nova York, McGraw-Hill Book Co., 1965.

KUNUDSEN, Vern D. *Accoustical Designing in Architeture*, Nova York, J. Willey, 1953.

MORSE, P. M. *Vibration and Sound*, Nova York, McGraw-Hill Book Co., 1948.

RAES, Auguste C. *Acustica Arquitetónica*, Buenos Aires, Victor Leru, 1953.

REYNOLDS, D. D. *Engineering Principles of Acoustics - Noise and Vibration Control*. Allyn and Bacon Inc., 1981.

UTLEI, W. A. & Mulholland, K. A. *Loss of Double and Triple Walls*, Applied Acoustics, 1968.

ZELLER, W. *Technique de la Defense Contre le Bruit*, Paris, Ed. Eyrolles, 1954.

ÍNDICE REMISSIVO

A

Absorção
    atenuação do som nos dutos com material absorvente, 100
    coeficiente aparente de absorção, 31
    coeficiente de absorção do som no feltro, 33
    coeficientes de absorção do som pelas paredes, 35
    coeficiente de absorção do som pelo público, 36
    coeficiente de absorção do som pelos pisos, 36
    definição, 31
    influência da absorção na atenuação das estruturas divisórias, 98
    materiais absorventes mais usados nas estruturas divisórias, 100
    silenciadores tipo câmara de material absorvente, 111
    silenciadores tipo chicana de material absorvente, 112

Altura
    altura de um som, 3

Alto-falantes
    diretividade dos alto-falantes, 70
    potência elétrica dos alto-falantes, 70
    potência sonora dos alto-falantes, 68, 69
    rendimento dos alto-falantes, 68

Amortecedores
    amortecedores de elastômeros, 86
    amortecedores de vibrações, 83
    amortecedores individuais, 83
    amortecedores pneumáticos, 86
    amortecedores tipo metálicos, 86
    amortecedores tipo placa, 83

Amortecimento
    amortecimento crítico, 83
    definição de amortecimento, 84
    relação de amortecimento, 83
    rendimento do amortecimento, 83

Amplificação
    amplificação do som, 65
    potência de amplificação do som em ambientes fechados, 67
    potência de amplificação do som em espaços abertos, 69
    fator dinâmico de amplificação das vibrações, 84

Amplitude
    amplitude da onda sonora, 8
    amplitude de uma vibração, 84
    amplitude máxima, média e eficaz da onda sonora, 8, 9

Anecóide
    salas anecóides, 88

Atenuação
    atenuação de paredes complexas ou com aberturas, 97
    atenuação de paredes duplas, 96, 103
    atenuação de uma câmara absorvente, 118
    atenuação de uma chicana, 112
    atenuação de uma parede simples, 92
    atenuação de uma parede vibrante, 94
    atenuações das janelas, 109
    atenuações das portas, 108
    atenuações reativas dos silenciadores nos dutos, 114
    atenuações reativas nos ambientes por meio de painéis, 118
    atenuações reativas nos dutos, 113
    atenuações resistivas nos dutos, 110
    expressão da atenuação, 92
    influência da absorção na atenuação nas estruturas divisórias, 98
    valores das atenuações das paredes, 102
    valores das atenuações dos pisos e forros 105,

Audição
    audibilidade, 18
    audiograma, 19
    limites de audibilidade, 18

B

Batimento
    definição, 38

C

Chicana
    atenuação do som ocasionada por uma chicana, 112
    detalhes de uma chicana, 112

Ciclo
    definição, 3

Coeficiente
    coeficiente aparente de absorção, 31
    coeficiente de absorção, 31, 33
    coeficiente de absorção dos diversos materiais, 35, 36
    coeficiente de compressibilidade, 12
    coeficiente de Poisson, 13
    coeficiente de reflexão, 31
    coeficiente de transmissão, 32

Compressibilidade
    definição, 12

D

Difração
    definição, 39
    exemplos de difração, 40

Diretividade
diretividade dos alto-falantes,
influência da diretividade na propagação do som, 23
Distorção
definição, 42
distorção provocada pelos materiais absorventes, 34

E

Eco
definição, 43
Elasticidade
definição, 12
módulo de elasticidade, 13
módulo de elasticidade de diversos materiais, 15
Equação
equação da onda sonora senoidal, 6
equação das massas,
equação geral dos gases, 12
Estudo
estudo dinâmico da onda sonora, 54
estudo geométrico da onda sonora, 46

F

Freqüência
definição 3
freqüência de coincidência, 94
freqüência de ressonância, 94, 114, 116, 119
freqüência natural de vibração de um amortecedor, 83, 84
relação de freqüências, 83, 85
relação de freqüências das notas musicais, 4

H

Harmônicas
análise harmônica, 7
harmônicas da voz humana, 8
harmônicas de um som composto, 6

I

Inteligibilidade
definição, 64
fatores que influem na inteligibilidade, 64
Intensidade
intensidade energética, 17
Interferência
mecanismo da interferência, 37
nós e antinós numa interferência, 38
Impacto
amortecimento dos ruídos de impacto, 86
correções adotadas para ruídos de impacto, 79
ruídos de caráter impulsivo ou de impacto, 72
Impedância
impedância acústica de diversos meios, 30

impedância acústica específica, 29
Isentrópicas
transformações isentrópicas dos gases, 13
Isofônicas
isofônicas de Fletcher Munson, 25
Isolamento
atenuação acústica de uma parede dupla, 96
atenuação acústica de uma parede simples, 92
atenuação acústica de uma parede vibrante, 94
atenuação de paredes complexas ou com aberturas, 97
enclausuramentos, 105, 107
estruturas fonoisolantes, 100
janelas e visores, 109
lei das massas no isolamento acústico das paredes, 93
portas, 108

L

Leniscata
equação da leniscata, 54
Limites
limites da audição, 18, 19

M

Materiais
massa específica dos materiais de construção, 101
materiais absorventes de baixa rigidez, 98
materiais absorventes nos painéis vibrantes ou perfurados, 119
materiais de absorção mais usados nas paredes duplas, 100
materiais elastômeros, 86
módulo de elasticidade de diversos materiais, 13

N

Nível
nível de intensidade sonora NIS = L_I, 21
nível de potência sonora NWS = L_W, 21
nível de pressão sonora equivalente = L_{Aeq}, 27
nível de pressão sonora NPS = L_p, 21
nível sonoro, 21

O

Oitava
definição, 4
Onda
elementos da onda sonora, 3
onda sonora composta, 6
onda sonora senoidal, 5
propagação da onda sonora, 11
Oscilador
osciladores acústicos, 7

Índice Remissivo

P

Painéis
  painéis reativos para a atenuação do ruído nos ambientes, 118
Paredes
  parede complexa ou com aberturas, 97
  parede dupla, 96
  parede simples, 92
  parede vibrante, 94
  paredes fonoisolantes, 100
Período
  tempo periódico, 5
Politrópicas
  equação das transformações politrópicas, 12
Portas
  isolamento acústico das portas, 108
Potência
  potência sonora, 17
  potência sonora no reforço do som nos ambientes fechados, 68
  potência sonora no reforço do som nos espaços abertos, 69
  potência sonora total de uma fonte, 22
Protetores
  protetores auditivos individuais, 88

R

Redução
  redução das vibrações, 84
  redução dos ruídos (veja atenuação)
Reforço
  reforço do som, 65
  reforço do som nos ambientes fechados, 67
  reforço do som nos espaços abertos, 69
Reflexão
  coeficiente de reflexão do som, 31
  reflexão do som, 30
Ressonância
  definição, 41
  fenômeno da ressonância em recintos, 48
  freqüência de ressonância de um amortecedor, 84
  freqüência de ressonância de uma câmara com orifício, 41
  freqüência de ressonância de uma parede vibrante, 94
  freqüência de ressonância dos dutos, 114
  freqüência de ressonância dos painéis reativos, 119
  freqüência de ressonância dos ressonadores de Helmholtz, 115
  freqüência de ressonância numa parede dupla, 96
  ressonância das máquinas, 81
Ressonadores
  ressonadores de Helmholtz, 115
  ressonadores de Helmholtz nos dutos, 116
  ressonadores para paredes, 118
  surdinas com ressonadores, 117

Reverberação
  cálculo do tempo de reverberação, 57
  correção do tempo de reverberação, 65
  definição, 43
  fórmula de Eyring, 59
  fórmula de Knudsen, 62
  fórmula de Sabine, 59
  mecanismo da reverberação, 54
  tempo convencional de reverberação, 44
  tempo de reverberação aconselhável, 63
  teoria da reverberação, 56
Rigidez
  rigidez de um amortecedor individual, 83
  rigidez de um amortecedor tipo placa, 83
  rigidez estática e dinâmica, 84
Ruído e rumores
  avaliação dos ruídos, 78
  controle dos ruídos, 74
  curvas NC (Noise Control) de controle dos ruídos, 75, 76
  definição de rumores, 71
  definição geral, 8
  dose de ruídos, 78
  medida dos níveis de pressão sonora dos ruídos, 78
  níveis de critério de avaliação NCA de acordo com a ABNT, 80
  níveis de pressão sonora a considerar com a duração do ruido, 77
  redução dos ruídos na fonte, 81
  redução dos ruídos nas estruturas divisórias, 88
  redução dos ruídos no ambiente com painéis reativos, 118
  redução dos ruídos nos ambientes, 87
  redução dos rumores, 81
  rumores de máquinas, 73
  rumores de veículos, 74
  rumores internos, 73

S

Som
  definição, 1
  qualidades do som, 3
  som agradável, 8
  som composto, 6
  som desagradável – ruído, 8
  som impulsivo ou de impacto, 78
  som puro senoidal, 5
  sons com componentes tonais, 79
  sons indesejáveis – rumores, 71
  sons musicais, 4
Sensação
  adição das sensações auditivas, 23
  aumento e redução das sensações auditivas, 24
  lei das sensações de Fechner Weber, 19
  sensação auditiva, 19
  sensação auditiva convencional, 21
  sensação auditiva equivalente, 24
  subtração das sensações auditivas, 23

unidade da sensação auditiva, 22
Suportabilidade
    suportabilidade de um ruído, 71
Surdinas
    surdinas para descarga de motores à combustão interna, 117
    surdinas para descarga de vapores, 117

T

Tempo
    tempo periódico, 5
Teorema
    teorema de Fourier, 7
Timbre
    definição, 3

Tom
    tom maior, tom menor e semitom, 5
Transmissibilidade
    transmissibilidade de força, 83

V

Velocidade
    velocidade angular de uma onda sonora, 6
    velocidade do som, 5, 13, 14
    velocidade do som nos aeriformes, 16
Vibração
    amortecedores de vibrações, 84
    amplitude das vibrações, 81, 83
    redução da vibração, 84
    vibração das máquinas, 86
    vibração sonora, 2

ÍNDICE DE TABELAS

1.1 Notas musicais, 4

2.1 Velocidade de propagação do som nos líquidos e sólidos, 15

2.2 Velocidade de propagação do som nos aeriformes, 16

2.3 Correções das sensações auditivas equivalentes, em função da freqüência, 25

2.4 Correções das sensações auditivas nas escalas A, B e C, em função da freqüência 27

3.1 Impedância acústica específica dos diversos meios, 30

3.2 Coeficiente de transmissão e reflexão do som nos diversos meios, em relação ao ar, 32

3.3 Coeficiente de absorção do som no feltro, em função da freqüência, 33

3.4 Coeficiente de absorção do som pelas paredes, em função da freqüência, 35

3.5 Coeficiente de absorção do som pelos pisos, em função da freqüência, 36

3.6 Coeficiente de absorção do som pelo público, em função da freqüência, 36

4.1 Coeficiente de extinção da onda sonora no ar, em função da freqüência, 62

4.2 Valores de k e n que definem o tempo de reverberação aconselhável, 63

4.3 Tempo de reverberação aconselhável, em função do volume do ambiente e da procedência do som, 63

4.4 Correções do tempo de reverberação aconselhável para linguagem ou música em função da freqüência, 64

5.1 Níveis de som e rumores internos, 73

5.2 Níveis de rumores de máquinas, 73

5.3 Níveis de rumores de veículos, 74

5.4 Valores de dB_A e NC, 75

5.5 Níveis de pressão sonoras correspondentes às curvas NC, 77

5.6 Tempo máximo de exposição para cada nível sonoro, 77

5.7 Correções em função da duração do ruído, 80

5.8 Valores de NCA para ambientes externos em dB_A, 80

5.9 Atenuação dos ruídos obtida com os protetores auriculares individuais, em função da freqüência, 89

6.1 Fator K de correção, na atenuação de acordo com a lei das massas, em função da freqüência, 93

6.2 Valores de lf_c para paredes vibrantes, 95

6.3 Massa específica dos materiais de construção, 101

6.4 Atenuação de paredes simples de tijolos cerâmicos, 102

6.5 Atenuação de paredes especiais de pedra ou concreto, 102

6.6 Atenuação de paredes duplas, 103

6.7 Atenuação de janelas de vidro simples, 109

6.8 Atenuação de cada segmento de uma chicana, em função do coeficiente de absorção do material empregado e da relação de larguras B/b, 112